北京大学生命科学基础实验系列教材

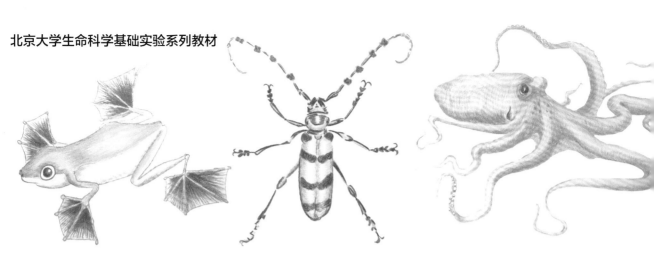

Experiments in Animal Biology

动物生物学实验

王戎疆　龙　玉　李大建　许崇任 / 编著

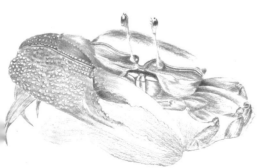

北京大学出版社
PEKING UNIVERSITY PRESS

图书在版编目(CIP)数据

动物生物学实验/王戎疆等编著. —北京: 北京大学出版社, 2018.5
(北京大学生命科学基础实验系列教材)
ISBN 978-7-301-29290-7

Ⅰ.①动… Ⅱ.①王… Ⅲ.①动物学—实验—高等学校—教材 Ⅳ.①Q95-33

中国版本图书馆CIP数据核字 (2018) 第034902号

书　　　名	动物生物学实验	
	DONGWU SHENGWUXUE SHIYAN	
著作责任者	王戎疆　龙　玉　李大建　许崇任　编著	
责任编辑	黄　炜	
标准书号	ISBN 978-7-301-29290-7	
出版发行	北京大学出版社	
地　　　址	北京市海淀区成府路205号　100871	
网　　　址	http://www.pup.cn　　　新浪微博: @北京大学出版社	
电子信箱	zpup@pup.cn	
电　　　话	邮购部 62752015　发行部 62750672　编辑部 62754271	
印　刷　者	北京宏伟双华印刷有限公司	
经　销　者	新华书店	
	787毫米×1092毫米　16开本　12.75印张　195千字	
	2018年5月第1版　2023年6月第2次印刷	
定　　　价	80.00元	

前　言

　　1998年初，根据我国高校生物学教学改革思路，北京大学将原有的"无脊椎动物学"和"脊椎动物学"课程整合起来，率先在国内开设了"动物生物学"课程。为配合"动物生物学"理论课教学的改革，"动物生物学实验"的课程内容也进行了相应的改革，我们将动物的细胞组织、无脊椎动物学和脊椎动物学等相关实验的内容整合在一起，编写了《动物生物学实验指导》，以内部讲义的形式在北京大学"动物生物学实验"课程中使用。我们认为加强基础训练、培养动手能力始终是"动物生物学实验"课程重要的教学目标，强化解剖操作技能一直是这门课程核心内容；同时，我们必须注意到"演化与适应"是动物学课程中非常重要的逻辑线索，可以将各个动物门类有机地串联起来，在实验教学中同样要遵循这一理念，将各类动物进行前后比较，发现结构的"相同与不同"，从结构和功能相适应的角度去理解"演化与适应"。在近二十年的教学实践中，我们不断总结教学经验，向国内同行请教学习，听取学生的反馈意见，努力补充和完善整个实验课程的教学体系。同时，我们也不断修改着这本实验指导，努力完善其理论性、逻辑性、顺序性、指导性和实用性。在北京大学教材建设项目的支持下，我们在原有内部讲义的基础上编写了这本《动物生物学实验》。

　　本书以各主要动物类群的解剖与观察为主要实验内容，包括了原生动物、海绵动物、腔肠动物、扁形动物、线虫动物、软体动物、环节动物、节肢动物和棘皮动物等无脊椎动物的主要类群，软骨鱼、硬骨鱼、两栖动物、爬行动物、鸟类和哺乳动物等脊椎动物的主要类群，同时还有动物的组织与早期胚胎发育的实验内容。近年来，模式动物在动物相关生命科学研究中发挥着愈来愈大的作用，为此我们增加了秀丽隐杆线虫的相关内容。在教学过程中，使用者可以根据自己的教学内容和时间对本书中的安排进行取舍。

本书配有大量的原创性实物彩色图片，增强了直观教学效果，便于实际操作中参考，学生可据此独立操作和学习。此外，本书还就一些重要的实验操作录制了视频资料，可通过手机扫描相应的二维码来观看，便于学生对相关操作的学习和掌握。

本书的编写是在北京大学生命科学学院（原生物学系）动物学相关教学人员九十余年教学经验的基础上完成的，由许崇任教授负责全面统筹，动物组织、胚胎发育和无脊椎动物实验部分由龙玉负责编写，脊椎动物实验部分由王戎疆负责编写，李大建为本书提供了部分彩色图片。近些年来还有多位老师参与了动物生物学实验的教学，多位研究生担任了实验课程的助教，大家的共同努力为课程内容的提升做出了巨大的贡献。北京大学生命科学学院对本课程始终如一的重视和支持，也是对我们最大的鼓励。在此我们表示衷心的感谢。

限于我们的水平，本书仍不免会出现各种问题和错误，恳请各位同行批评指正。

编　者

2017年6月于北京大学

目　　录

实验的基本知识与规范 实验0

实验在生命科学中占有极其重要的地位，许多生命科学的理论知识都来源于实验的感性认识。就动物生物学而言，实验课是和理论课同等重要的学习环节，从实验课程中获得的感性知识是无法单纯从书本中获得的。同时，动物解剖、显微观察等也是重要的科学研究方法，掌握基本的实验技能是将来从事科学研究工作的重要基础。实验课堂还是培养实事求是、严谨认真的科学态度和训练观察、分析、思考、解决实际问题的基本能力的不可或缺的场所。

为了更好地学习动物生物学实验，这里有必要将实验中的一些基本知识和规范做一简单介绍。

一 尊重实验动物

在动物学的教学与研究中，实验动物始终发挥着无可替代的作用。在一些实验中需要处死实验动物，"敬畏生命，尊重实验动物"是在进行这些实验时所必须持有的实验态度。"敬畏"不等于"畏惧"，不应以"畏惧""杀生"而抵触学习。使用实验动物做实验是为了学习相关的生物学知识，而且掌握恰当的动物处死方法也是生命科学研究的基本技能之一。在实验过程中应严格遵循实验流程，严肃认真地学习，不虐杀实验动物，不以虐杀而取乐，不做过度无谓的解剖和实验。同时，不做非学习交流目的的实验图片、视频的扩散和传播。

二　做好准备，认真实验

（1）上课前必须做好预习，明确实验的目的、要求、内容、方法、重点、顺序及操作中的注意事项，做到心中有数。

（2）进入实验室将书包及衣物等放在指定地点，携带必要的书本及文具。在实验过程中须全程正确穿着实验服，长发须扎束起来。

（3）在实验观察中（包括显微镜观察）要遵循从整体结构到局部结构再到整体结构的观察方法，且随时采用比较方法，并联系生理功能，做到理论联系实际。

（4）实验过程中保持严肃、认真、求实的态度和独立的工作作风，认真记录实验过程和实验数据；注意保持实验桌面和解剖盘内的整洁，不得随意将废弃物弃置于水池或地面。

（5）实验完毕后每个同学要将自己的仪器、桌面、水池和周围地面清理干净。

三　实验记录

实验记录是对实验过程的客观反映，认真记录实验过程和实验数据是从事科学研究的基本素质。

（1）使用专门的实验记录本，需为侧面装订，不可使用可拆页的本册。实验记录本需有页码，如无页码，可自行逐页标上连续页码。实验记录本在使用过程中不得撕页。

（2）实验记录要按顺序记录，中间不应留有大面积空白。

（3）实验记录要求字迹工整，不能潦草，不得涂改，如确有需要修改的地方，可用单线划掉需要更改的内容（要保证原有内容可辨识），必要时需标明修改的原因。

（4）就动物生物学实验课程而言，主要内容为形态结构的观察，可用文字描述，也可辅以照片（需在相应位置记录照片编号）或简单的绘图予以说明。

四 绘图要求

（1）用具：铅笔（HB和3H绘图笔各一支）、橡皮、绘图纸（16开）、直尺、铅笔刀。

（2）绘图要求正确、真实、简要、清晰、干净、美观。

（3）所绘图形在绘图纸上所占比例要合适，不可过小或过大。

（4）图形中所有重要结构要求注明名称。由标注部位向图形的两侧引出实线，但绝不可彼此交叉。每侧的线条的终点均应终止在一条直线上，然后分别写明结构名称。

（5）完成绘图后，应在图纸上方中央写明实验序号、名称，在右上角写明日期、姓名、实验组别、学号，在图下方中央写明图形标题。

五 基本解剖知识

（一）解剖用具及使用

在进行动物解剖时会用到不同的器具，要根据实际需要选取适宜的器具（图0-1）。使用之后请及时将器具放回器械盘中，不可用作他途，如削铅笔、剪与实验无关的物件等。实验完毕后须将所有用过的实验器具洗净擦干，整齐放回器械盘内以备下次使用。

1.手术刀

刀片与刀柄分离，刀片可更换，主要用于切开皮肤和脏器。由于刀片十分锋利，在使用时必须注意使用者自身的安全。在使用时不可用力过大，以免伤及需要观察的组织和器官。不要用手术刀切割较硬的结构（如骨骼），以免造成人员伤害和器械破损。手术刀的持拿方法有四种（图0-2），应视切口的大小、位置等的差异而酌情选择。

（1）执弓式（或称指压式）：是最常用的一种执刀方式，主要为腕部用力，多适用于切割较长的皮肤切口。

（2）执笔式：类似握笔的姿势，动作和力量主要在手指，用力轻柔，操作灵活准确，多适用于切割短小切口及精细手术。

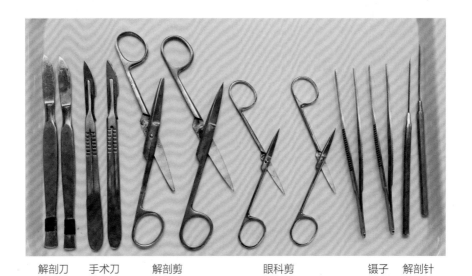

解剖刀　　手术刀　　解剖剪　　　　眼科剪　　　　镊子　解剖针

图0-1　常用解剖器械

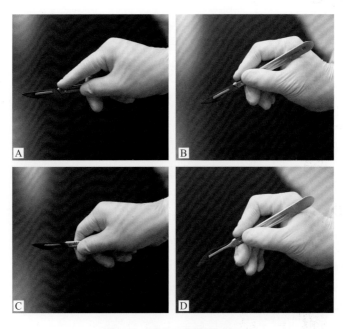

图0-2　手术刀的持拿方法

A. 执弓式；B. 执笔式；C. 握持式；D. 反挑式

（3）握持式：全手握持刀柄，拇指与食指紧捏刀柄刻痕处，主要活动力点是肩关节，控刀比较稳定。多适用于切割坚厚组织、需用较大的力切割的部位，如截肢、肌腱切开等。

（4）反挑式：是执笔式的一种变换形式，主要靠手指的力量，操作时先刺入，刀刃由内向外挑开，以免损伤深部组织。

2.解剖刀

解剖刀的刀片和刀柄连在一起，较钝，主要用于剥离器官间系膜。

3.镊子

镊子用于夹提器官或组织，也可用于分离。有执笔式和握持式两种持拿方法，前者适用于精细操作，后者则可提供较大的力量。

4.解剖剪

解剖剪用于剪开软组织，切不可用来剪坚硬物件。因用途不同而有多种类型。使用时将大拇指和无名指伸入剪刀下部的圆环中，中指置于圆环外侧，食指扶在剪刀的侧面，确保可以稳定而灵活地进行操作。

5.骨剪

骨剪具有厚刃，用于剪断或剪开骨骼。

6.解剖针

解剖针用于伸入管腔进行探索，并用以毁坏蟾蜍的脑和脊髓；也可用于较小动物（如昆虫等）的组织分离。

7.其他

解剖盘或蜡盘用于盛放解剖材料；大头针（昆虫针）用于固定解剖材料。

（二）解剖的一般方法

（1）首先对解剖对象进行整体观察，分辨其前后和背腹，以及身体的分区。分部分进行外形观察。然后把解剖对象放置在解剖盘上，小型无脊椎动物一般要用大头针（昆虫针）固定在蜡盘上。在观察内脏器官时需要剪开体壁，这时大头针（昆虫针）要由外向内45°斜插在两侧的体壁上，使工作面较大，不致妨碍解剖。

（2）在解剖时必须保持标本潮湿。因为新鲜动物标本内部是湿润的，浸制标本是由固定液保存，一旦标本脱水变干则无法进行观察。因此，解剖小动物时应在解剖盘中加入适量的自来水，防止干燥的同时还可使内部器官漂浮起来便于观察。当需要离开一段时间时，应将标本用湿布覆盖或放回固定液中。

六 解剖镜和显微镜的使用

视频：解剖镜
的使用

1.解剖镜的使用（参见视频：解剖镜的使用）

解剖镜又称体视显微镜（图0-3），主要用于观察较小的器官结构，可在镜下进行解剖操作。在使用时需注意如下事项：

（1）解剖标本不可直接放在载物台上，应放在培养皿或蜡盘中再置于镜下

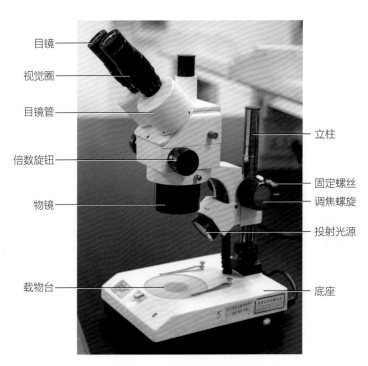

目镜

视觉圈

目镜管

立柱

倍数旋钮

固定螺丝

调焦螺旋

物镜

投射光源

载物台

底座

图0-3 解剖镜的基本结构

观察；如果标本和盛装器皿透明（如线虫等），则应使用透射光源；如果标本和盛装器皿不透明，则应使用投射光源。

（2）在调节焦距时，转动调焦螺旋不可太快；同时需注意镜体的齿板，如果露出太多，则需松开立柱上的固定螺丝，调整镜体位置后再固定、调焦。

（3）合理调节放大倍数，放大倍数越大，视野越小，景深也越小。

（4）观察时，可先调整目镜管，使得两个目镜间的宽度适合于自己的瞳距；然后转动调焦螺旋，使目镜成像清晰；若两目镜不能同时成像清晰，则可转动目镜筒上的视觉圈，直至两眼同时看到清晰的物像。

2.显微镜的使用（参见视频：显微镜的使用）

在动物生物学实验中，显微镜（图0-4）是用来观察制片和组织切片的。在使用时需要注意如下事项：

（1）调节亮度旋钮，使视野中亮度适中，不要过亮；调节光源处旋钮，使

视频：显微镜的使用

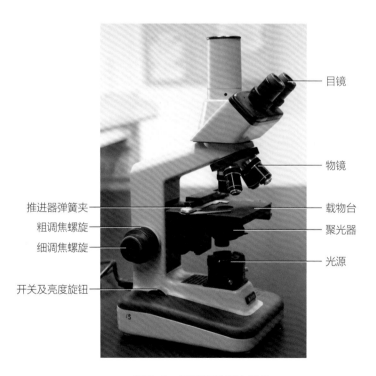

图0-4　显微镜的基本结构

视野中的光亮均匀；调节载物台下方集光器的光圈以匹配物镜，观察细微结构时需调小光圈。

（2）放置载玻片或切片时，载物台应调至最低处；物镜要转至低倍镜（4×）；要使有盖玻片的一面朝上放置在载物台上，切不可放反；切勿使水滴、酒精或其他药品接触镜头和镜台，如果沾污应立即擦净；用推片器弹簧夹夹住玻片，然后旋转推片器螺旋，将所要观察的部位调到通光孔的正中。

（3）在观察切片时，先用低倍镜（4×）进行观察，使用粗调焦螺旋提升载物台至物镜距标本片约5mm处，在上升载物台时，要直视其上升过程，切勿在目镜上观察；寻找要观察的视野，把目标部位放置在视野正中，然后转换中倍镜（10×），最后使用高倍镜（40×），即从整体到局部进行观察，在中倍镜和高倍镜下观察时不得使用粗调焦螺旋，只能使用细调焦螺旋。观察结束后要将物镜从高倍镜、中倍镜转换到低倍镜，将载物台调至最低时才能取下玻片。

（4）在观察切片时，将两个目镜的距离调整到适合于自己的瞳距，两眼同时观察。

（5）如果发现目镜有污染，要使用擦镜纸来清理。

七　动物解剖的方位术语

为了正确描述动物结构的位置以及彼此间的相互关系，往往会使用一些方位术语（图0-5），以利于学习、交流而避免误解。

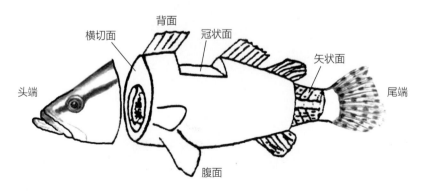

图0-5　动物的方位和切面

　　动物四肢着地正常站立时，向着地面的一侧为腹面（ventralis），相反的一侧为背面（dorsalis）；朝向头部的一端为头端（cranialis），或称前端（frontalis），朝向尾部的一端为尾端（caudalis），或称后端；解剖中所提及的左右通常是指动物的左侧和右侧。

　　更靠近正中矢状切面者为内侧（medialis），距这一切面较远者为外侧（lateralis）；距身体中心较近者为近端（proximalis），而相反的部位为远端（distalis）；距体表或器官表面较近者为浅（superficialis），而较远者为深（profundus）。

　　动物通常为两侧对称的体制，在身体上可以分出3个相互垂直的平面：

　　矢状面（sagittal section）：由头端至尾端的垂直切面，可以将身体分为左、右两部分；其中沿身体前后正中线可将身体分为左右相等的两部分的矢状面为正中矢状切面。

　　冠状面（coronal section）或额切面（frontal section）：由头端至尾端的水平切面，与矢状面垂直，可将身体分为背、腹两部分。

　　横切面（transverse section）：垂直于身体正中线的切面，与矢状面和冠状面均垂直，可将身体分为前、后两部分。

　　在此需要说明的是，人体解剖学中的术语因人体直立而略有不同，有时会用上、下来替代头、尾，用前、后来替代腹、背。

单细胞真核生物：
原生动物门（Protozoa）

原生动物是目前已知最原始的真核生物，个体多数由单个细胞构成，少数是多细胞的群体，但细胞相对独立。原生动物细胞内有完成各种生理功能的胞器，具备各种生物营养类型，出现在水中运动的结构，具有无性生殖和有性生殖两种生殖方式。

一 实验目的

观察纤毛虫纲的草履虫（*Paramoecium* sp.），了解原生动物的基本形态及生理特征。观察和识别原生动物门常见物种，了解其多样性和适应性特征。

二 实验材料与用品

（1）草履虫活体培养液；
（2）草履虫分裂生殖和接合生殖装片；
（3）显微镜、载玻片、盖玻片、滤纸、脱脂棉、墨水、醋酸洋红等；
（4）原生动物门各物种标本。

三 实验内容

（一）草履虫的形态结构与运动

1. 草履虫临时装片的制备

用滴管取一小滴草履虫培养液滴于载玻片中央，取脱脂棉一小块，撕成极薄的纤维，均匀地铺在载玻片上的草履虫液上，盖上盖玻片。草履虫受棉花纤维的阻拦不易快速运动，便于进行观察。

2. 草履虫的外形与运动

在显微镜低倍镜下，适当调暗光照，使草履虫与背景之间有足够的反差。草履虫虫体呈长椭圆形，前端稍钝，后端略尖，其基本运动方式是绕身体纵轴螺旋式前进。草履虫体表为表膜，外覆以一层纤毛（cilia），体末端纤毛较长。适量调小光圈后可看到纤毛有节奏、有顺序地摆动，使草履虫向前运动。由于纤毛是按虫体长轴纵行旋转排列，因而其运动是螺旋式的。观察并思考当草履虫穿过棉花纤维时，其体形可否改变，为什么？

3. 草履虫的内部构造

选择一个比较清晰、又不太活动的草履虫观察其内部结构（图1-1）。

草履虫的身体分为外质和内质，外质透明，其中有许多与体表垂直排列的刺丝泡（trichocyst），具有攻击和保护的功能。刺丝泡内储有液体，遇到刺激时，即由体表射出并凝固而成一堆堆的细丝（图1-2）。

草履虫前端腹面有一个凹入体内的沟，名为口沟（oral groove）。当旋转前进时，口沟较易观察到。口沟里面的纤毛较长，能有力地摆动。口沟末端有一开口，名为胞口，胞口内通胞咽（cytopharynx），胞咽是一个管状的构造，其中的纤毛黏合而成波动膜，由于纤毛和波动膜的摆动，使悬浮于水中的细菌和微小生物经口沟流入体内而成水泡，水泡逐渐增大，最后脱离胞咽而落入草履虫的内质中，成为食物泡（food vacuole）。食物泡在体内循着一定的路线流动，新生的食物泡由胞咽落下后流向身体后端，然后由身体的背面（即与口沟相反的一面）向前流，在环流的过程中，食物逐渐被消化吸收，这被称为胞内消化。所余渣滓自肛门点排出。

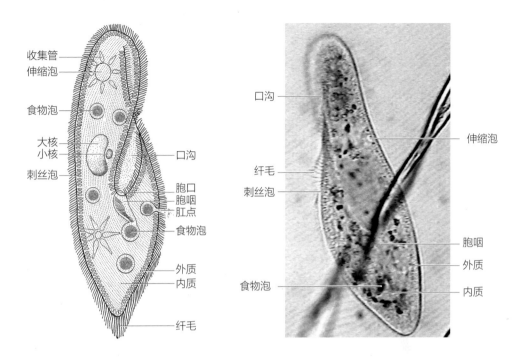

收集管
伸缩泡
食物泡
大核
小核
刺丝泡
口沟
胞口
胞咽
肛点
食物泡
外质
内质
纤毛

口沟
纤毛
刺丝泡
伸缩泡
胞咽
外质
内质
食物泡

图1–1 草履虫的内部结构

（左图仿自江静波，1995）

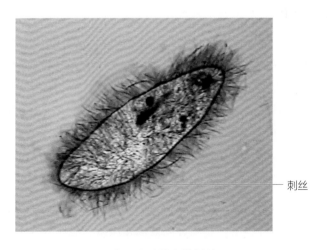

刺丝

图1–2 草履虫释放出的刺丝

在草履虫身体的前端和后端各有一个伸缩泡（contractile vacuole），其四周有数条放射状的收集管。伸缩泡和收集管有固定的结构，并且局限于一定的位置，不在原生质中流动。伸缩泡的主要功能是保持身体水分的平衡。注意观察，可以看到两个伸缩泡交替地收缩与舒张（图1-3）。

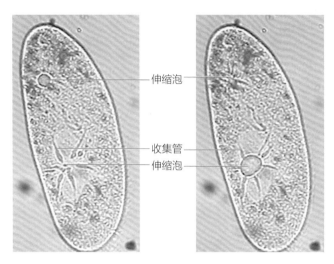

图1-3　草履虫的伸缩泡和收集管

（示两个伸缩泡交替收缩）

生活状态下的草履虫细胞核不易被观察到，可在盖玻片边缘加入一滴醋酸洋红，给细胞核染色以便于观察。沿盖玻片边缘渐渐加入醋酸洋红后，草履虫即被杀死，在死虫四周可看到射出的刺丝团。草履虫的细胞核有大核（macronucleus）和小核（micronucleus）之分，它们都在内质中，大核卵圆形（由于细胞部分收缩而占比例较大），小核位于大核的凹入处，由于观察角度的原因，有时不易看到（图1-4）。

4.食物泡的形成及变化

取一滴草履虫培养液于一载玻片中央，用牙签沾少许稀释的墨汁掺入培养液，混匀，再加少量棉花纤维并加盖玻片。在低倍镜下快速寻找到一只被棉花纤维阻拦而不易游动、但口沟未受到压迫的草履虫，转高倍镜仔细观察食物泡的形成、其大小的变化及在虫体内环流的过程（图1-5）。

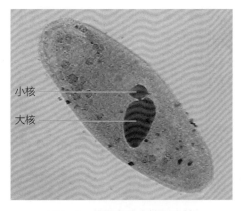

小核

大核

图1-4　草履虫的大核和小核
（醋酸洋红染色）

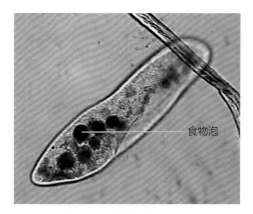

食物泡

图1-5　草履虫的食物泡
（喂食了墨汁）

5. 草履虫动感系统的镀银染色及观察

取一干净载玻片，在中央点上一小滴蛋白胶，用干净的手指将其涂匀。取一滴草履虫培养液滴在载玻片上，并均匀铺开，室温晾干。将载玻片放在2%AgNO₃溶液（用黑纸罩住）中染色10min，取出载玻片放入装有蒸馏水的培养皿中，置强光下曝光30min左右。用蒸馏水轻柔水洗载玻片2～3次，以去除多余的Ag盐，用滤纸吸干载玻片上的水，即可进行观察。

先在中倍镜下找到理想的虫体（保持草履虫的体型，染色清晰），然后转到高倍镜下观察。在虫体上可以看到许多深褐色颗粒和染色浅的区域（食物泡），调节细聚焦器，也可见到大核。仔细观察才能见到动感系统，即许多与身体长轴一致的子午线，所谓子午线就是动纤丝，起止于草履虫的前、后端。各子午线平行排列，距离相等，在口沟附近，子午线与身体长轴不一致。在子午线上可见连续膨大的基粒（basal granule），在油镜下个别部分可见相邻子午线上基粒之间的横纤丝。每个基粒向外穿过皮膜形成纤毛。纤毛、基粒、动纤丝与横纤丝构成了草履虫的动感系统（图1-6）。

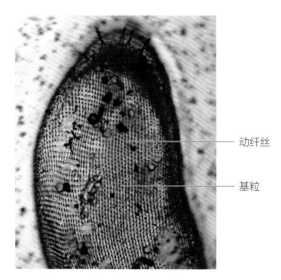

动纤丝

基粒

图1-6　草履虫的动感系统

（二）草履虫的生殖

取草履虫分裂生殖和接合生殖装片，于低倍镜下观察（图1-7）。

1. 草履虫分裂生殖装片

观察草履虫的无性生殖是横裂还是纵裂。思考：无性繁殖的生物学意义。

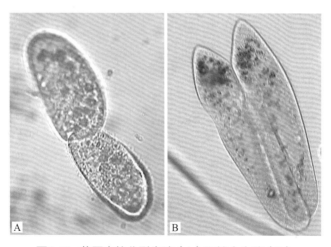

图1-7　草履虫的分裂生殖（A）和接合生殖（B）

2. 草履虫接合生殖装片

观察两个行接合生殖的草履虫虫体在何处相连。思考：接合生殖的生物学意义。

（三）原生动物门的多样性

原生动物门多数由单个细胞构成，少数是由多个细胞构成的群体。种类繁多，已知超过30 000种；分布广泛，生活于水中或潮湿的地方，多数营自由生活，部分寄生于动植物体内。分为如下5个纲。

1. 鞭毛虫纲（Mastigophora）

运动器官为一根至多根鞭毛，自养或异养，无性生殖方式为纵二裂；自由生活或寄生。如钟罩虫（Dinobryon）、团藻虫（Volvox）、夜光虫（Noctiluca）、隐滴虫（Cryptomonas）、原海绵虫（Proterospongia）、锥虫（Trypanosoma）、利什曼原虫（Leishmania）、披发虫（Trichonympha）等。

绿眼虫（Euglena viridis），单细胞，前端钝圆，后端略尖，前端胞口处伸出1条细长的鞭毛，身体前部有一含有红色色素的眼点，细胞内含有大量的叶绿体而呈绿色。生活在池塘和水流较缓的流水中。

2. 肉足虫纲（Sarcodina）

以伪足做变形运动和取食，异养，多数营自由生活，少数营寄生生活。有些种类具有钙质或角质的"骨骼"。如痢疾内变形虫（Entamoeba histolytica）、表壳虫（Arcella）、球房虫（Globigerina）、太阳虫（Actinophrys sol）、辐球虫（Actinosphaerium）、棘骨虫（Acanthometron）等。

大变形虫（Amoeba proteus），单细胞，大小约200～600μm，因为不断伸出伪足，而使得形状不固定。生活在静止或不大流动的水体中，通常附着于黏性沉积物上。

3. 纤毛虫纲（Ciliata）

成体或生活史的某个时期具纤毛，无性生殖为横二分裂，有性生殖为接合生殖，多数营自由生活，少数为寄生种类。如栉毛虫（Didinium）、肾形虫（Colpoda steini）、旋漏斗虫（Spirochona）、足吸管虫（Podophrya）、四膜虫（*Tetrahymena*）、口帆毛虫（*Pleuronema*）、钟形虫（*Vorticella*）、喇叭虫（*Stentor*）、旋口虫（*Spirostomum*）、游仆虫（*Euplotes*）等。

草履虫（*Paramoecium* sp.），基本形态如前文所述，通常生活在污水沟中。

4. 孢子虫纲（Sporozoa）

具有顶复合器结构，全部营寄生生活，具有复杂的生活史，一般具有有性生殖、无性生殖的交替现象，在生活史中都具有孢子期。如单房簇虫（*Monocystis*）、焦虫（*Piroplasma*）、巴贝斯虫（*Babesiella*）等。

间日疟原虫（*Plasmodium vivax*），寄生于人的红细胞和肝脏的实质细胞中，是疟疾的病原体，主要由按蚊传播。蚊虫叮咬人的过程中，在其唾液腺中的间日疟原虫孢子通过血液进入人的肝脏实质细胞，进行裂体生殖，形成圆形的裂殖子，每个裂殖子有一个核和少量的细胞质。裂殖子侵入红细胞进行发育，形成早期的营养体，内有一个大的空泡，细胞质和细胞核都围绕在空泡周围，随后不断伸出伪足吞食红细胞的细胞质，虫体不断长大，空泡随之消失。当营养体长到一定程度后，先进行核分裂，然后进行细胞质分割，最终形成16个裂殖子。红细胞破裂，释放出裂殖子，再侵染其他红细胞。红细胞破裂时，病人先会感觉寒战，随后发高烧。间日疟原虫在红细胞内的生殖周期为48h，因此病人每隔1天就会出现一次症状，即"打摆子"。营养体在红细胞内也会形成圆球形或椭圆形的配子母体，雄配子母体的核较大且疏松，位于中央，雌配子母体的核较小且致密，位于一侧。雌、雄配子母体在蚊虫吸食血液时进入蚊虫的胃，进一步发育成成熟的雌、雄配子，结合产生合子，通过孢子发育过程形成大量孢子，储存于蚊虫的唾液腺中。

5. 丝孢子虫纲（Cnidospora）

孢子阶段具有极丝，极丝可以从孢子内翻出，附着在寄主组织上。全部寄生于无脊椎动物和低等脊椎动物中。如黏体虫（*Myxosoma*）、蚕微粒子虫（*Nosema bombycis*）、蜂微粒子虫（*Nosema apis*）等。

碘泡虫（*Myxobolus* sp.），一般寄生于淡水鱼的肌肉或体内各器官。孢子卵圆形，前端有2个极囊，内各有1条极丝。

动物的组织

在多细胞动物中，一群相同或相似的细胞和相关的非细胞物质彼此以一定的形式连接在一起，形成一定的结构，并担负一定的功能，这就是组织（tissue）。在多细胞动物中已有多种不同的组织分化，包括上皮组织、结缔组织、肌肉组织和神经组织，这些基本组织有机地结合就形成器官。

一 实验目的

了解上皮组织、结缔组织、肌肉组织和神经组织四大类基本组织的分类、分布及其形态结构与功能的适应，掌握各类组织形态结构的主要特点。

二 实验材料与用具

（1）上皮组织、结缔组织、肌肉组织和神经组织的切片；
（2）显微镜。

三 实验内容

（一）上皮组织（epithelial tissue）

上皮组织是由密集排列的细胞和少量细胞间质组成，从形态和生理上分为被覆上皮、腺上皮和感觉上皮。

1.被覆上皮

依据上皮细胞的层数和细胞的形态可分为单层扁平上皮、单层立方上皮、单层柱状上皮和复层扁平上皮等。

（1）单层扁平上皮（simple squamous epithelium）（模式图见图2-1）

① 表面观：蛙肠系膜整装片（镀银法，苏木精复染）

用显微镜低倍镜观察，挑选干净、透明的部位，在黄色或浅黄色的背景上可见多角形细胞彼此紧密嵌合，黑色的波形线即为被银镀染的细胞界线。换中倍镜观察，可见在每个细胞中央都有一个染成淡红色的、椭圆形的细胞核（图2-2）。注意：转动显微镜的微调时，可见另一水平面还有与此相同的细胞，这是因为蛙肠系膜两面均由单层扁平细胞组成，中间为薄层结缔组织。

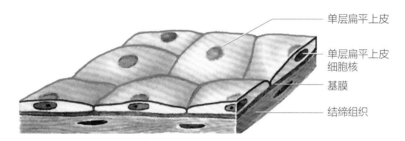

图2-1　单层扁平上皮模式图

(引自Hickman et al., 2013)

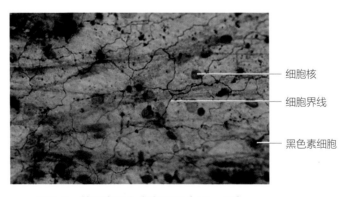

图2-2　单层扁平上皮表面观（10×40）

②切面观：兔食道结缔组织中的小血管（H–E染色[①]）

用低倍镜观察，挑选在上皮组织下面的细胞少、组织疏松、主要染成粉红色的结缔组织部分。换中倍镜，寻找呈细管状的小血管或淋巴管。换高倍镜观察围成管壁的单层扁平细胞：仅由一层扁平的细胞组成，细胞切面呈扁平梭形，仅细胞核处略厚，其余胞质部分很薄（图2–3）。

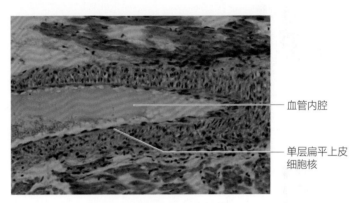

血管内腔

单层扁平上皮
细胞核

图2–3　单层扁平上皮切面观（10×40）

（2）单层立方上皮（simple cuboidal epithelium）（模式图见图2–4）

观察兔肾切片，H–E染色。低倍镜观察可见周缘染色深的为肾皮质，中央染色浅的为肾髓质。中倍镜观察，可见大量集合小管的不同切面。挑选其中细胞界线清楚，并由单层立方上皮细胞所组成的集合小管切面。换高倍镜观察，注意立

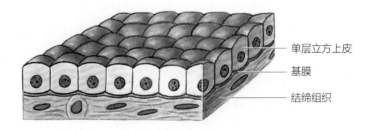

单层立方上皮

基膜

结缔组织

图2–4　单层立方上皮模式图

(引自Hickman et al., 2013)

———————————

① 苏木精–伊红染色法。

方上皮细胞的高度与宽度相等，呈立方形，细胞核呈圆形，位于中央。从表面观，单层立方上皮细胞呈六边形（图2-5）。

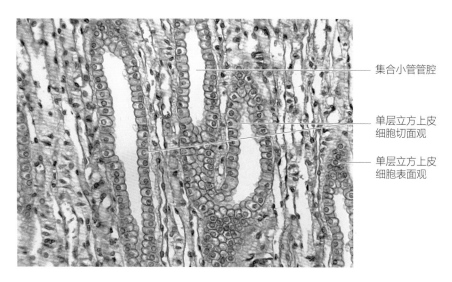

　　　　　　　　　　　　　　　　　　　　　　　　　集合小管管腔

　　　　　　　　　　　　　　　　　　　　　　　　　单层立方上皮
　　　　　　　　　　　　　　　　　　　　　　　　　细胞切面观

　　　　　　　　　　　　　　　　　　　　　　　　　单层立方上皮
　　　　　　　　　　　　　　　　　　　　　　　　　细胞表面观

图2-5　单层立方上皮（10×40）

（3）单层柱状上皮（simple columnar epithelium）（模式图见图2-6）

　　观察青蛙小肠横切片，H-E染色。肉眼观察标本，肠较小呈环形，中空部分为小肠的肠腔。显微镜观察，在低倍镜下，可见环形的小肠横切面。换中倍镜观察小肠壁的腔面，可见有许多长短不齐的柱状绒毛（villi），覆盖在绒毛表面的是单层柱状上皮。选择一段绒毛的纵切面，换高倍镜观察，上皮细胞为高棱柱细胞，排列整齐；椭圆形的细胞核位于细胞基部，细胞核中有1～3个浓染的大核仁。在细胞的游离面具有染成深粉红色的纹状缘（striated border）。电镜下纹状缘是由密集排列整齐的微绒毛组成。微绒毛能增加细胞表面积，以利于细胞的吸收功能。在柱状细胞间有散在的形似高脚酒杯样的杯状细胞（goblet cell），细胞顶部膨大，染成浅蓝色。基底部细窄，细胞核位于此部，染色深。杯状细胞是一种腺细胞，具有分泌黏液、滑润上皮表面和保护上皮的作用（图2-7）。

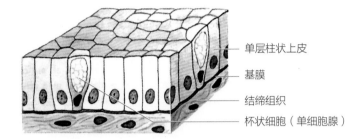

图2-6　单层柱状上皮模式图

(引自Hickman et al., 2013)

右侧标注：单层柱状上皮、基膜、结缔组织、杯状细胞（单细胞腺）

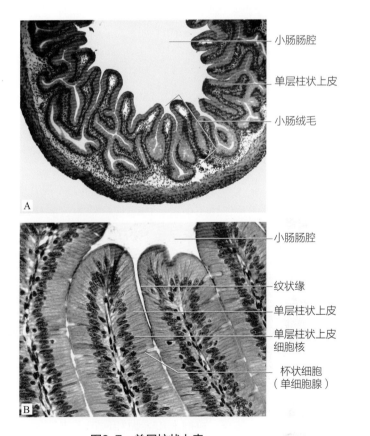

图2-7　单层柱状上皮

A.10×10；B.10×40

右侧标注：
A: 小肠肠腔、单层柱状上皮、小肠绒毛
B: 小肠肠腔、纹状缘、单层柱状上皮、单层柱状上皮细胞核、杯状细胞（单细胞腺）

（4）复层扁平上皮（stratified squamous epithelium）（模式图见图2-8）

观察蛙皮肤切片，H-E染色。肉眼观察蛙皮肤较薄。在低倍镜下，可见皮肤的表皮（复层扁平上皮）细胞核致密，染成深紫色；其下是染成粉红色的真皮（属结缔组织）。换中倍镜观察，复层扁平上皮由紧密相连的5～7层细胞组成。在上皮细胞间和结缔组织中有不规则形状的黑色素细胞。基底层细胞的基部与基膜紧密相连，呈矮柱状。中间为数层多边形细胞，靠近表面的几层细胞逐渐变为扁平状。高倍镜观察，表层是一层染成浅粉红色的、无核的、细胞界线不清楚的角质化细胞（图2-9）。

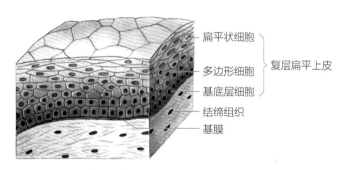

图2-8　复层扁平上皮模式图

(引自Hickman et al., 2013)

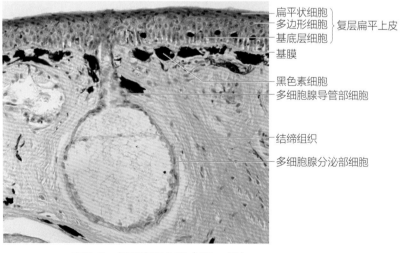

图2-9　复层扁平上皮（10×40）

2. 腺上皮

（1）单细胞腺（unicellular gland）（图2-7B）

观察青蛙小肠切片，H-E染色。杯状细胞是一种单细胞腺，能分泌黏液，其中含酶、糖蛋白（也称黏蛋白），有润滑和保护黏膜的作用。显微镜观察（低倍镜和中倍镜）参照单层柱状上皮部分。

（2）多细胞单泡状腺（multicellular simple acinous gland）（图2-9）

观察蛙皮肤切片，H-E染色。蛙的黏液腺是多细胞的单泡状腺体，其分泌物由导管排出，属于外分泌腺（exocrine）。用肉眼观察及低倍镜观察切片，参照复层扁平上皮。用中倍镜挑选真皮染成浅粉红色的结缔组织中有导管开口于表皮的单泡状腺体。泡状分泌部（secretory portion）由单层柱状分泌细胞构成，导管（duct）由矮小的立方细胞组成。

（二）结缔组织（connective tissue）

结缔组织由细胞和大量细胞间质构成。细胞的种类较多，分散在细胞间质中，没有极性的表现。细胞间质由无定形呈均质状的基质和纤维组成。结缔组织起支持、连接、营养、防御保护和创伤修复等功能。结缔组织分为固有结缔组织（包括疏松结缔组织、致密结缔组织、脂肪组织、网状组织）、软骨组织、骨组织和血液。

1. 固有结缔组织（connective tissue proper）

（1）疏松结缔组织（loose connective tissue）

观察小白鼠皮下疏松结缔组织铺片，经活体注射台盼蓝（trypan blue）染料，H-E染色。肉眼观察，铺片呈紫红色，一般外周部分较薄。用低倍镜观察，挑选铺得较薄处，可见纤维分布均匀；细胞轮廓清晰可辨。换中、高倍镜观察，依据细胞的形态、细胞核的形态、染色状况、细胞质中的颗粒性质、大小、数量、分布等，辨别以下细胞类型（图2-10，图2-11）。

① 成纤维细胞（fibroblast）和纤维细胞（fibrocyte）：二者是处于不同功能状态下的同一种细胞，功能状态活跃的为成纤维细胞，相对静止的为纤维细胞。成纤维细胞胞体大，呈扁平多角形。胞质染成淡粉红色，细胞轮廓不清（参考组织培养的成纤维细胞示范，细胞界线清晰），细胞核大，呈椭圆形，染色质分

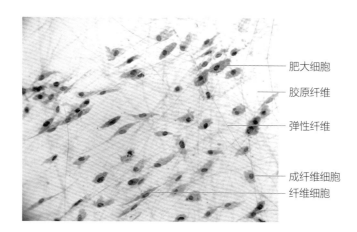

图2-10　疏松结缔组织铺片（10×40）

肥大细胞
胶原纤维
弹性纤维
成纤维细胞
纤维细胞

散，染成淡蓝色，并具1至多个核仁。纤维细胞胞体小，多呈梭形，核也稍小，染色稍深。

　　② 巨噬细胞（macrophage）：细胞形状不一，注意与成纤维细胞的区别在于：细胞质染色较深，细胞轮廓明显，其中含有活体时吞噬的、大小不一的台盼蓝颗粒。细胞核较小、圆形或椭圆形，染色较深，染色质致密，核仁不明显。

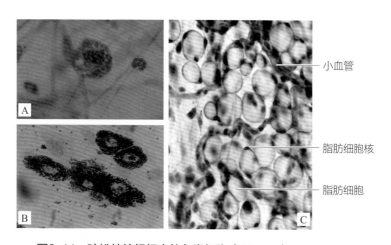

小血管
脂肪细胞核
脂肪细胞

图2-11　疏松结缔组织中的各类细胞（10×40）
A.巨噬细胞，台盼蓝活体注射；B.肥大细胞，硫堇染色；C.脂肪细胞

③ 肥大细胞（mast cell）：在低倍镜下，可见在血管附近，有成堆分布的深染的细胞。细胞呈圆形或椭圆形，细胞质中充满大小一致，染成蓝紫色的颗粒。细胞核小，呈圆形或椭圆形，染色浅，位于细胞中央。

④ 脂肪细胞（fat cell）：脂肪细胞体积大，呈球形，脂肪聚成大滴位于中央，胞质及核被挤到细胞一侧。在H-E染色标本上，脂滴已被溶去，而呈空泡状。脂肪多分布在血管周围，单个或成群存在，是贮存脂肪的细胞。

（2）致密结缔组织（dense connective tissue）

其特点是以胶原纤维为主，细胞成分较少，纤维粗大排列紧密，支持、连接和保护的功能较强。

① 规则致密结缔组织（regular dense connective tissue）：观察兔肌腱纵切片，H-E染色。肉眼观察，染成粉红色的切片呈长条形。在低倍镜下，肌腱中的胶原纤维束密集平行排列，成纤维细胞（腱细胞）也平行排列。在高倍镜下，可见腱细胞呈长梭形，细胞核着色深，呈长杆状。常见相邻细胞的核两两相对存在（图2-12）。

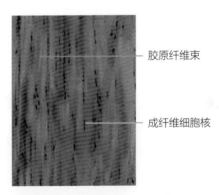

—— 胶原纤维束

—— 成纤维细胞核

图2-12　规则致密结缔组织（10×40）

② 不规则致密结缔组织（irregular dense connective tissue）：观察人背皮切片，H-E染色。肉眼观察，背部皮肤切片可分深染和浅染两部分。用低倍镜观察深染部分，可见它包括两部分：表层的上皮组织和深层的不规则致密结缔组织。后者的主要特点是密集的胶原纤维束不规则地互相交织排列。因此，在切片上可见胶原纤维束被切成不同的断面。纤维间散在少量成纤维细胞（图2-13B）。

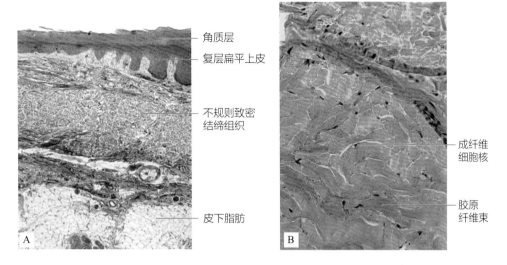

角质层

复层扁平上皮

不规则致密
结缔组织

成纤维
细胞核

胶原
纤维束

皮下脂肪

图2-13　不规则致密结缔组织

A.10×10；B.10×40

2. 血液（blood）

人的血液是在血管内流动的红色液体，约占体重的7%，由血浆和血细胞组成，血细胞约占血液容积的45%，悬浮于血浆中，包括红细胞、白细胞和血小板。

肉眼观察人血涂片（Wright染色），均匀一致的薄层血膜呈粉红色。用低倍镜检查整个血涂片，挑选血细胞彼此不重叠、均匀分布成薄薄一层的部位。换中倍镜选择细胞形态正常、有核细胞较多的区域，再换高倍镜区分以下细胞（图2-14）。

（1）红细胞（erythrocyte）

涂片上数量最多的细胞。胞体小呈圆盘状，无胞核；胞质染成粉红色。思考：为何红细胞周缘常较中心染色深？

（2）白细胞（leukocyte）

慢慢移动载玻片，观察辨认各种白细胞。虽然它们数量少，寻找较困难，但胞体大、染成蓝紫色的胞核明显，极易与红细胞区别。参看示范，区分以下细胞：

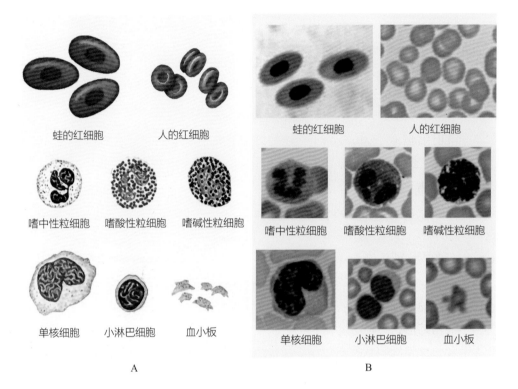

图2-14　各类血细胞

A. 模式图（引自Hickman et al., 2013）；B. 显微照片（10×40）

① 颗粒细胞（granulocyte），根据胞质中被不同性质的染料着色的特殊染色颗粒，可分为：

● 嗜中性粒细胞（neutrophilic granulocyte）：白细胞中数量最多的细胞，占白细胞总数的50%～70%。胞体大于红细胞，胞质染粉红色，其中充满细小的褐灰色的小颗粒。胞核染成蓝紫色，形状变化较大，常呈分叶状，可分为2～5叶，叶间有细丝相连；少量的细胞核呈杆状，是幼稚型的中性粒细胞。嗜中性粒细胞具有活跃的变形运动和吞噬功能，当机体某一部位受细菌侵犯时，嗜中性粒细胞以变形运动穿出毛细血管，吞噬细菌，在机体中起重要的防御功能。

● 嗜酸性粒细胞（eosinophilic granulocyte）：数量少，占白细胞总数的0.5%～3%。胞体较中性粒细胞大，胞质中充满被伊红染成鲜红的粗大而且大小一致的圆形颗粒。胞核染成淡紫色，一般分为2叶，有时可见不分叶或3叶。

● 嗜碱性粒细胞（basophilic granulocyte）：数量极少，只占白细胞总数的1%以下，不易找到。胞质染成淡紫色，其中有大小不一、形状不规则的紫色或深蓝色的颗粒，分布不匀。细胞核多为圆形或椭圆形，因染色浅，又被颗粒遮盖，图像常不清晰。

② 无颗粒的白细胞常可分为以下两种：

● 淋巴细胞（lymphocyte）：占白细胞总数的20%～30%，在正常的血液中主要是小淋巴细胞和一定数量的中淋巴细胞。小淋巴细胞稍大于红细胞，深蓝紫色的细胞核占比例很大，仅在细胞核一侧的凹陷处，可见极少的淡蓝色的细胞质。中淋巴细胞约为红细胞的两倍，细胞核呈圆形或椭圆形，染成深蓝紫色的细胞核位于细胞中央，细胞质较小淋巴细胞稍多，在细胞核的周缘形成一薄层。淋巴细胞具有重要的免疫功能。

● 单核细胞（monocyte）：数量不多，仅占白细胞总数的3%～8%。注意其与淋巴细胞的区别：体积在白细胞中最大；细胞核的染色较淋巴细胞浅，核形呈椭圆形或马蹄形，常偏细胞的一侧；胞质较多，染成淡灰蓝色，其中有细小的嗜天青颗粒。单核细胞具有活泼的变形运动，迁移到结缔组织中，成为巨噬细胞，具有很强的吞噬功能。

（3）血小板（blood platelet）

形状不规则，不具完整的细胞结构，为小块胞质。中央部分有紫色颗粒聚集，外周部分染成淡蓝色，血小板经常成堆分布在红细胞之间。在高倍镜下，一般只能看到成堆的紫色颗粒，用油镜才能看到颗粒周围的淡蓝色细胞质。血小板在止血和凝血过程中起重要的作用。

3. 软骨和骨

软骨和骨（cartilage and bone）构成身体的支架，分别由软骨组织及骨组织等组成。

（1）软骨（cartilage）

软骨组织由软骨细胞、软骨基质与纤维组成。软骨有较强的支持和保护作用。软骨根据其基质中纤维的性质和含量的不同可分为透明软骨、弹性软骨和纤维软骨。

● 透明软骨（hyaline cartilage）：观察兔气管切片，H-E染色。肉眼观察，气管切面大而圆，呈环状。以低倍镜在气管壁内找"C"字形透明软骨环，移动切片，选择一段结构完整而又清晰的软骨。换中倍镜观察，透明软骨表面有染成鲜红的薄层致密结缔组织，称软骨膜（软骨外侧的膜厚，内侧的膜较薄）。换高倍镜，从软骨膜逐渐往深处仔细观察。软骨膜（perichondrium）由致密的胶原纤维和梭形的成纤维细胞所组成。软骨膜以胶原纤维直接通入软骨基质的边缘，并与软骨紧密相连（图2-15）。

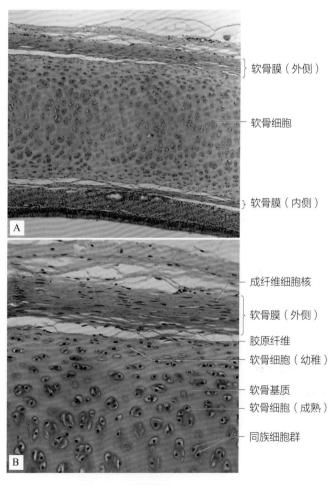

右侧标注（A）：
软骨膜（外侧）
软骨细胞
软骨膜（内侧）

右侧标注（B）：
成纤维细胞核
软骨膜（外侧）
胶原纤维
软骨细胞（幼稚）
软骨基质
软骨细胞（成熟）
同族细胞群

图2-15　透明软骨

A. 10×10；B. 10×40

软骨细胞（chondrocyte）位于基质内的小腔中，这些小腔称为软骨陷窝（lacuna）。陷窝周围的基质染色较深，呈蓝色，称软骨囊（cartilage capsule）。靠近软骨膜的幼稚的软骨细胞还保留着梭形，单个分布，平行软骨膜排列，与成纤维细胞的区别是细胞的形态逐渐由梭形变为椭圆或圆形。细胞核也呈椭圆形或圆形。深层的细胞均2～4个成群分布，因为它们来自同一个软骨细胞的有丝分裂，这些细胞称同族群。透明软骨的基质为软骨黏蛋白，是由蛋白质、硫酸软骨素A和C结合而成。在基质内有许多胶原纤维，因与黏在一起的软骨基质有相同的折光率，所以在H-E标本上难以分辨。思考：软骨膜与软骨的关系；软骨基质内无血管，软骨如何取得营养？

（2）骨（bone）

骨组织由细胞、纤维和基质组成。

● 长骨（图2-16）：观察羊长骨横断磨片，美蓝染色。在低倍镜下，可见骨的外面和内面都有平行于长骨纵轴的数层骨板。根据骨板弧度的大小确定骨的外面和内面。骨外面的称外环板（periosteal lamellae），骨内面的称内环板（endosteal lamellae）。在内、外环板之间，可见许多骨板以同心圆形式排成哈弗氏系统（Haversian system）。中倍镜下，每个哈弗氏系统以黏合线（cement line）与周围部分隔开。在圆形的哈弗氏系统之间还存在着一些骨板，彼此也互相平行排列，但不形成同心圆，称间板（interstitial lamella）。此外，哈弗氏系统中央的圆孔称哈弗氏管（Haversian canal），与其相接或横过内外环板的管道称穿通管（perforating cannal），又称福克曼管（Volkmann's canal），无同心圆骨板环绕，两者均为血管的通路。

换高倍镜观察环绕哈弗氏管的同心圆排列的环板。其上有许多蚂蚁形的空腔，称骨腔隙（bone lacuna），为生活时骨细胞在骨板中所存在的空间。骨腔隙又有无数微细分支管道，称骨微管（bone canaliculi），骨腔隙彼此以骨微管相通。联系以上结构理解骨的营养传递。

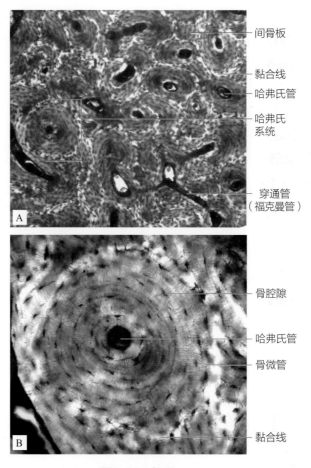

间骨板

黏合线

哈弗氏管

哈弗氏系统

穿通管（福克曼管）

骨腔隙

哈弗氏管

骨微管

黏合线

图2-16　长骨

A. 10×10；B. 10×40

（三）肌肉组织（muscle tissue）

肌肉组织是由肌细胞构成的组织，因肌细胞呈纤维状，又称肌纤维（muscle fiber）。肌肉从功能上分为平滑肌、骨骼肌和心肌三类。

1. 平滑肌（smooth muscle）

（1）分离的平滑肌纤维（图2-17A）

观察猫小肠离析装片，经甲醛、醋酸、酒精混合液固定后，锂洋红（lithium

carmine）染色并分离肌层纤维。肉眼观察，分离的平滑肌纤维染成红色细丝状。用低倍镜找到分离的平滑肌纤维。换中倍镜选择分离完整的单根平滑肌纤维。高倍镜观察平滑肌纤维呈长梭形，细胞质均质，染成粉红色；染成深红色的椭圆形的核位于纤维中央。

（2）平滑肌层切面观察（图2-17B）

观察蛙小肠横切面，H-E染色。肉眼观察标本，肠较小，呈环形，中空部分为管腔。在低倍镜下，可见小肠壁外缘为染成粉红色的肌肉层。根据纤维的排列方向分为两层：内环肌层较厚，外纵肌层较薄。换中、高倍镜观察，可从内环肌层看到肌纤维的纵切面，呈长梭形，彼此镶嵌排列，细胞界线不清。细胞核呈长椭圆形或杆状，平滑肌纤维呈收缩状态时，细胞核常随之扭曲呈螺旋形，同时相邻肌纤维由于胞质的收缩在局部形成染色深浅相间的收缩波。从外纵肌层可看到平滑肌纤维的横断面，肌纤维被结缔组织分隔成肌束，肌束直径大小不等，呈圆形。思考：为什么肌纤维的横断面有的中央有细胞核，有的没有？

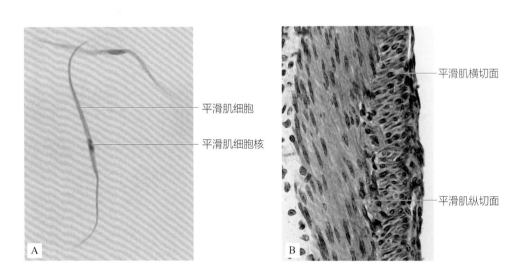

图2-17　平滑肌

A.分离的平滑肌纤维（10×40）；B.平滑肌横、纵切面（10×40）

2. 骨骼肌（skeletal muscle）

（1）骨骼肌纵切（图2-18）

观察猫骨骼肌切片，铁矾苏木精染色。在低倍镜下，可见肌纤维呈匀直的长条状，肌纤维之间有结缔组织和血管。换中倍镜选择染色较均匀的部分，观察肌纤维具明暗相间的横纹，即明带（light band）与暗带（dark band）。在肌纤维的表面有肌膜（sarcolemma），紧贴肌膜有多个蓝染的卵圆形细胞核，肌膜不清晰时可以此作为肌纤维之间的分界。

换高倍镜观察肌原纤维及其横纹结构，肌原纤维构成肌纤维的纵纹。因肌原纤维排列得非常紧密，因而纵纹看不清楚。每条肌纤维有彼此交替相间的明带（I盘）和暗带（A盘）。明带染色浅，暗带染色深。选择较清楚的部分在油镜下观察，在暗带中心区的透明线H盘（H-band），穿过明带中心的一条暗线称Z盘（Z-band）。H盘和Z盘直达肌膜。两个Z盘之间称一个肌节（sarcomere），是骨骼肌肌原纤维的结构与机能单位。

（2）骨骼肌横切

观察猫骨骼肌，马氏三色染色。低倍镜下肌肉外有染成蓝色的结缔组织包围，称肌外膜（epimysium），其中有脂肪细胞、血管和神经。结缔组织向内延伸，将肌纤维分隔成束，称肌束膜（perimysium）。换中倍镜观察，在每条肌纤维之外，包有极薄的结缔组织，称肌内膜（endomysium）。用高倍镜观察，横断面的肌纤维呈圆形、卵圆形或多角形。圆形的细胞核靠近肌膜。

3. 心肌（cardiac muscle）（图2-19）

观察羊心肌切片，H-E染色。在低倍镜下，可见心肌纤维因分支和走向不同而有各种不同的切面。换中、高倍镜选择典型的纵切面，观察心肌与横纹肌的不同。注意，心肌纤维具有分支，各纤维以分支相连成网。一个椭圆形的细胞核位于纤维的中央，有时可见双核。心肌也有横纹，但不如骨骼肌的明显和规整。心肌纤维末端互相连接处，可见有横过纤维染色较深而且宽的线条，即闰盘（intercalated disk），这是两条纤维的连接面。

三胚层无体腔动物：扁形动物门（Platyhelminthes）

扁形动物具有外胚层、中胚层和内胚层3个胚层，身体出现了器官系统，是动物演化中的一个新阶段。中胚层形成的实质可以储藏水分和营养，中胚层分化形成的肌肉强化了运动的机能，中胚层为内部器官系统的分化提供了必要的基础。从扁形动物开始出现两侧对称的体制，身体有了前、后端与背、腹面的区分，运动由不定向趋于定向。

一 实验目的

观察扁形动物门涡虫纲（Turbellaria）三角真涡虫（*Dugesia gonocephala*）的整体形态与切片，了解扁形动物门的基本形态与生理特征，重点了解中胚层的分化和器官系统的形成。观察和识别扁形动物门常见物种，了解其多样性和适应性特征。

二 实验材料与用品

（1）三角真涡虫活体；

（2）涡虫横切片、涡虫消化系统整装片、涡虫神经系统整装片、涡虫生殖系统整装片；

（3）显微镜、解剖镜、玻皿等；

（4）扁形动物门各物种标本。

三　实验内容

视频：三角真涡虫整体观察

（一）涡虫的外部形态观察（见视频：三角真涡虫整体观察）

用解剖镜观察。生活的涡虫呈扁平长形，长10～15mm，宽1.5～2mm，前端略宽，后端略窄。其身体只能被通过纵轴的切面平均分为左右对称的两部分，这种体制称为两侧对称（bilateral symmetry）。在身体前端两侧有一对突起，为耳突（auricle），是涡虫的化学感受器。耳突内侧背面有两个新月形黑色斑点，是涡虫的眼，只有感光的功能。在腹面正中线上近后端约1/3处有一小孔，为咽鞘（pharyngeal sheath）的开口。口与咽（pharynx）即由此伸出。咽鞘开口的后方有一更小的生殖孔（genital pore），不易观察到。

（二）涡虫的内部结构

1. 消化系统（图5–1）

在低倍镜下观察涡虫消化系统整装片，可以看到咽鞘之内有一肌肉发达的圆柱形的咽，又名前肠，由外胚层内褶而成。口位于咽的末端。咽通入肠，肠分三支，一支沿身体正中前行直达身体前端，另外两支分别沿身体两侧后行达后端。每支分出许多侧支，分布于身体各处，均终止于盲端。涡虫没有肛门。

2. 神经系统

在显微镜下观察涡虫神经系统整装片，涡虫的神经系统已初步集中，头部出现脑，由一对神经节愈合而成，由脑分出神经到眼、耳突等处，由脑沿身体腹面两侧向后延伸成两条纵行的神经索，直达身体后端，神经索间有横的神经纤维相互联系，称为梯状神经。

3. 生殖系统

涡虫雌雄同体，生殖器官结构复杂。在显微镜下观察涡虫生殖系统整装片。雌性生殖器官包括：卵巢1对位于眼的后方，每个卵巢连一细长输卵管，沿身体两侧向后延伸，在身体后端会合成阴道，通入生殖腔。输卵管旁有很多卵黄腺，可以分泌卵黄。当受精卵经输卵管排出时，被卵黄所包围。交配囊也开口于生殖腔，可以暂时储存交配时的精液。雄性生殖器官中精巢为许多球状体，位于两条

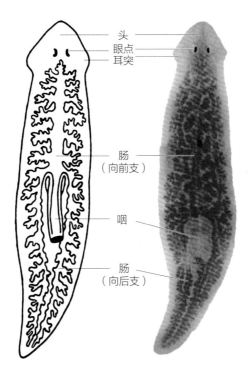

头
眼点
耳突

肠
（向前支）

咽

肠
（向后支）

图5-1　涡虫整装片（肠被染成粉红色）

输卵管附近。成熟精子由精巢经输精小管通入左右输精管内，输精管位于咽鞘与同侧输卵管之间，末端膨大形成输精管囊，用以储存成熟的精子，其下端通入肌肉质的阴茎球，其乳突部通入生殖腔。

（三）涡虫横切片观察（图5-2）

　　首先在切片上区分背、腹面。其腹面表皮细胞有纤毛，在运动中起重要作用。体表是一层柱状上皮细胞，来自外胚层，上皮细胞内散布许多垂直于体表的杆状体，染色很深。上皮细胞之间有黏液腺细胞分布，它们集中在横切面的两端，有粉色荧光，染色均匀（图5-3）。

　　上皮细胞下面有一薄层基膜，基膜下为中胚层形成的肌肉层，靠外的为环肌，内层为纵肌，它们之间有斜肌，它们与表皮共同构成皮肌囊，包裹全身（图5-3）。此外还有贯穿背腹的背腹肌。

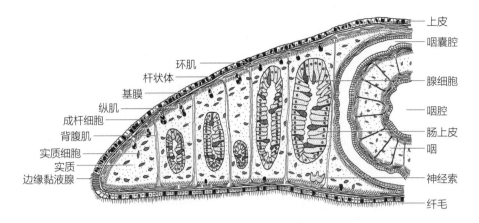

图5-2　涡虫横切面（模式图）

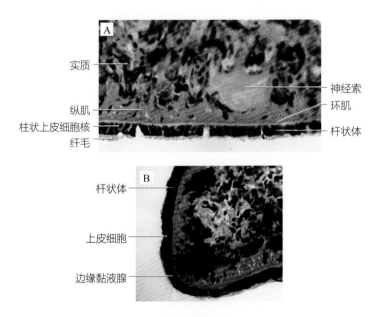

图5-3　涡虫的皮肌囊（腹侧）（A）和边缘黏液腺（B）

　　涡虫没有体腔，体内各器官都嵌在实质中，实质相互连接成疏松的网状，网内充满液体及游离的能做变形运动的实质细胞。切片上可见许多消化道分支，肠壁由单层长柱状细胞组成（图5-4）。观察咽横切片时，可见到切片中央咽鞘中的肌肉质咽。结合图5-5和图5-6，理解咽的结构和功能。

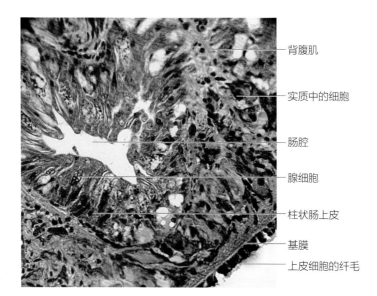

背腹肌

实质中的细胞

肠腔

腺细胞

柱状肠上皮

基膜

上皮细胞的纤毛

图5-4　涡虫的肠

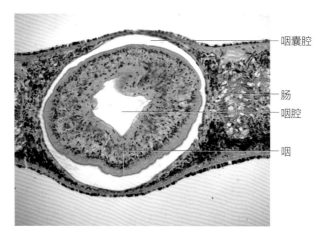

咽囊腔

肠

咽腔

咽

图5-5　涡虫的咽横切片

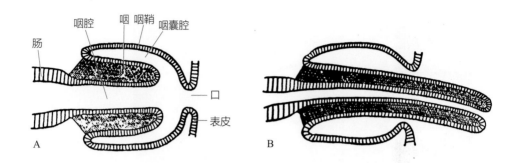

图5-6 涡虫的咽剖面观（江静波，1995）

A. 示咽在咽囊腔中；B. 示咽伸出体外

（四）扁形动物门的多样性

本门大多数种类营寄生生活，寄生于寄主的体表或体内，而自由生活的种类则广泛分布于海洋和淡水中，还有部分在陆地潮湿土壤中生活。全世界已发现的有约12 000种，分为3个纲。

1. 涡虫纲（Turbellaria）

主要营自由生活，大多数生活在海洋，少数生活在淡水中，还有在陆地土壤中生活的，体表有纤毛，具消化系统，神经系统和感觉器官也较发达。

三角真涡虫（*Dugesia gonocephala*），外形描述见上文。常生活于池塘和小溪中，附着在石头等物体的下面。涡虫具有很强的再生能力。

平角涡虫（*Planocera riticulata*），身体背腹扁平，呈椭圆形的叶片状，前端宽圆，后端钝尖。长约20～50mm，宽约15～30mm。背面呈灰褐色，上有多数深色的色素颗粒，近前端的1/4处，具有1对细圆锥状触角，其基部有环形排列的小黑色的眼点；腹面色浅，中央有口，体内沿中线有纵行肠管，并向两侧发出许多盲端的分支肠管。无体腔。多在沿海海水浸没的岩石下面爬行，营自由生活，肉食性（图5-7）。

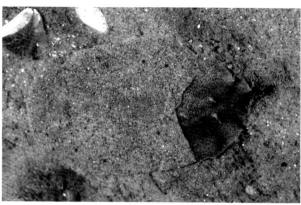

图5-7　平角涡虫（右图示其触角）

2. 吸虫纲（Trematoda）

寄生种类，原始的种类常为外寄生，而较进化的种类常为内寄生。为适应寄生生活，体表纤毛消失，而出现角质层，神经系统退化，感觉器官消失，出现吸盘等附着器官，生殖系统发达。

华支睾吸虫（*Clonorchis sinensis*），成虫寄生于人、猫、狗等的肝管和胆囊内，呈叶片状，长约10～25mm，宽3～5mm。前端具有口吸盘，在身体前1/3处具有一腹吸盘。生殖孔在腹吸盘的前方。卵随寄主粪便排出时已发育为毛蚴，如被纹沼螺等第一中间寄主吞食后，再发育为胞蚴、雷蚴至尾蚴，可进入水体游动，如遇到第二中间寄主（某些淡水鱼）就可侵入鱼体，在肌肉中发育为囊蚴，人、猫、狗等取食未煮熟的鱼肉时则可进入消化道。

日本血吸虫（*Schiseosoma japonica*）：又称日本裂体吸虫，成虫雌雄异体，腹吸盘突出呈杯状，较口吸盘略大，二者距离很近。雄虫具有抱雌沟，雌虫常藏在雄虫的抱雌沟内，形成合抱状态。成虫寄生于人、鼠、牛、狗、猫等的肠系膜静脉中，雌虫在肠壁产卵，有的卵随血液进入肝脏，有的则进入肠道随粪便排出，到水中孵出毛蚴，可进入中间寄主（钉螺）体内，发育为胞蚴至尾蚴，可进入水中游动，与人畜的皮肤接触便可穿入体内，发育为成虫。

3. 绦虫纲（Cestoida）

体内寄生，主要寄生于脊椎动物的肠道内，成虫体表不具纤毛，有钩等附着器官集中于头部，多数身体有节片，消化系统完全退化。

猪带绦虫（*Taema solium*），体呈白色带状，长可达数米。身体是由许多节片（proglottid）组成，前端尖细，具头节，头节前端中央为顶突，上有25～50个小钩，顶突下有4个圆形吸盘，头节后为颈部，能不断地以横分裂方式产生节片，是绦虫的生长区。节片愈靠近颈部的愈幼小，愈近后端的则愈宽大和老熟。成虫寄生在人的小肠中，卵随粪便排出体外，其内的六钩胚散出，被中间寄主（猪）吞食后，则钻入肠壁，随血液进入全身各处的骨骼肌中，发育为囊尾蚴，含有囊尾蚴的猪肉称为"米猪肉"或"豆猪肉"。当人取食未煮熟的猪肉时，其中的囊尾蚴在肠道内翻出头节，附着在肠壁上，逐渐生出节片，发育为成虫。

具有假体腔的动物：
线虫动物门（Nematoda）

线虫动物是假体腔动物中种类最多的一类，其重要特征是具有假体腔。假体腔又称初生体腔，是体壁中胚层与内胚层消化道之间的腔，肠壁的形成没有中胚层参与。假体腔是动物演化中最早出现的一种类型。线虫动物已经出现了具有口和肛门的完全消化道。

一 实验目的

观察线虫动物门蛔虫（*Ascaris* sp.）的整体形态与切片及模式动物秀丽隐杆线虫（*Caenorhabditis elegans*）的基本形态，了解三胚层假体腔动物的基本特征，以及与其生活方式相适应的身体结构。

二 实验材料与用品

（1）蛔虫整体浸泡标本；
（2）蛔虫横切片；
（3）秀丽隐杆线虫（活体）装片；
（4）显微镜、解剖镜、手持放大镜、解剖器、大头针、蜡盘等。

三 实验内容

（一）蛔虫的外部形态观察

肉眼或借助于放大镜、解剖镜观察蛔虫的外形（图6-1）。雌虫较粗而长，长20～35cm，身体末端直。雄虫较细而短，长15～30cm，身体末端常弯曲，尾部常伸出两个交接刺（pineal setae）。蛔虫口位于身体最前端，呈三瓣状。沿身体两侧各有一条明显的白色纵行侧线，背面与腹面中央也各有一条纵线，分别为背线与腹线，但不如侧线明显。身体末端约2mm处腹面有一横裂的开口，即是肛门，也是雄虫生殖孔的开口。雌虫生殖孔开口于身体前端约1/3处的腹面，不与肛门相通。

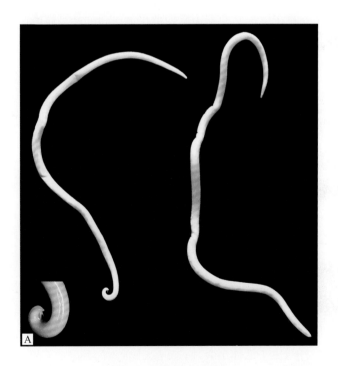

图6-1 蛔虫的外部形态

（左雄右雌，两者皆上面为头，下面为尾，A为雄体尾部，示交接刺）

（二）蛔虫的内部解剖

将蛔虫背面向上放置在蜡盘中，用左手大拇指与食指摁住虫体中央，在所摁之处用解剖针沿背正中线划一小裂口，从此裂口用解剖针往前往后把蛔虫体壁左右分开。将两侧体壁用大头针斜插固定在蜡盘上，浸以清水，以没过标本为宜。按以下顺序观察。

1. 消化道

蛔虫体内中央，从前向后有一条浅黄色直管，即消化道。消化道前部有很短的、肌肉发达的咽，往后是中肠。中肠背腹扁平，在近身体末端与后肠相连，两者在形态上无明显区别。最后以肛门开口于体外。

2. 雌性生殖系统

假体腔内有一团曲折盘绕的细管就是生殖管。用针小心整理可发现它们是两条平行的细管，一端游离而另一端渐粗，然后合并，开口于前端的雌生殖孔。根

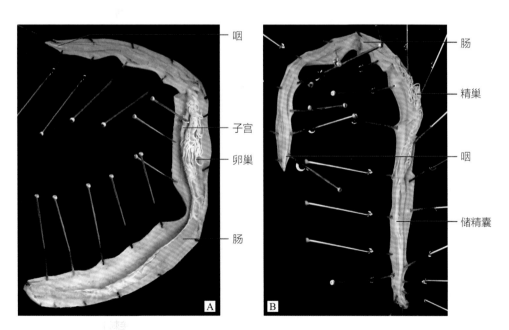

图6-2　蛔虫的内部解剖
A. 雌；B. 雄

据粗细大致可分为三段：①卵巢，在游离端，管很细；②输卵管，在中段，管略粗；③子宫，在后段沿身体前行，并膨大成为子宫；两个子宫汇合以一短而细的阴道通至生殖孔。

3. 雄性生殖系统

管状但不成对。精巢细而长，游离在假体腔中，下接输精管，输精管一端膨大成储精囊，以射精管通入肛门，因此雄虫的肛门同时具有生殖的作用。射精管与肛门汇合处名为泄殖腔（cloaca），有时可看到交接刺由此伸出。

神经和排泄系统不易观察到。

（三）蛔虫横切面的观察（图6-3，图6-4）

观察雌蛔虫的横切片。体壁由外胚层形成的表皮和中胚层形成的肌肉层组成。身体最外层是一层较厚的角质膜，其下为上皮组织的表皮细胞，细胞界线不清楚而成为合胞体（图6-4A）。上皮在背腹左右分别加厚向内突出，形成四条

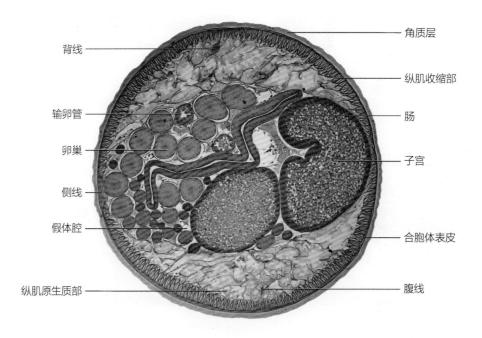

图6-3　蛔虫（雌性）横切面（10×4）

纵行的索，即背线、腹线和两条侧线。背、腹线末端膨大呈圆形的部分为背神经索和腹神经索，后者比前者粗，可以此区分背、腹线和背腹（图6-4B）。侧线内可见到细小中空的排泄管（图6-4C）。

　　上皮内为纵肌肌肉层，肌细胞分为基部的收缩部和端部的原生质部。体壁之内为假体腔，其中充满体腔液。无体腔膜，体腔来自胚胎期的囊胚腔。扁平的肠道为单层柱状上皮细胞。卵巢较细，内部充满卵原细胞，有的卵巢切面状似车轮，这是不同发育阶段的卵巢。输卵管较粗，中心轴已消失而成管状。在肠道腹面可见到一对粗大的含有许多卵细胞的子宫，可根据子宫所在一侧为腹面来判断背腹（图6-4D）。

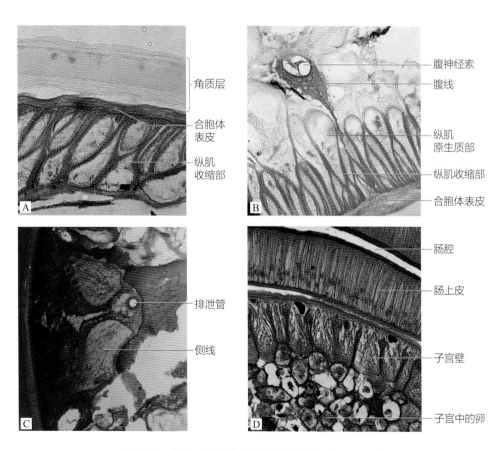

图6-4　蛔虫（雌性）横切面局部放大（10×40）

（四）秀丽隐杆线虫的形态观察

秀丽隐杆线虫是一种常见的、自由生活的小型土壤线虫。身体半透明，体内器官系统容易观察。它的生殖周期很短，在理想的条件下（20℃，食物充足）仅4天就可以产生下一代，生活史见图6-5。又加之可以在琼脂培养基中进行大量的培养，其幼虫还可以直接进行活体冻存和复苏。因此，它已成为生命科学领域的经典模式动物之一。

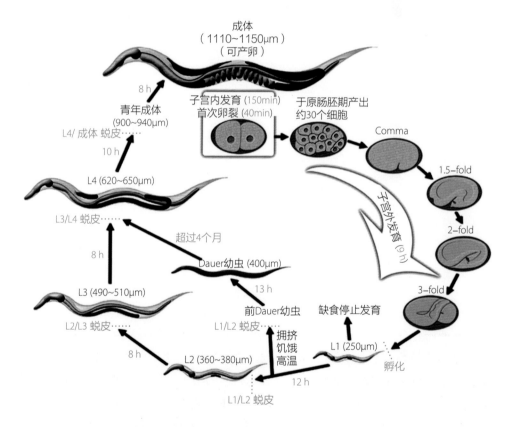

图6-5 秀丽隐杆线虫的生活史

（引自http://wormat/asorg/her maphrodite/introduction/introframeset.html.【2018-01-30】）

秀丽隐杆线虫的体表有一层角质层，其下为合胞体的表皮，表皮下有纵肌分布。身体半透明，从外部可见的体内器官包括口、咽、肠和性腺。口位于身体前端，周围有6个唇瓣。口后为食道，从体外明显可见中食道球和后食道球（图6-6）。食道后为肠，肠在体后部开口于肛门（或泄殖孔）。

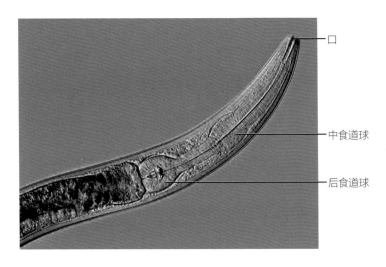

口

中食道球

后食道球

图6-6　秀丽隐杆线虫的口和食道

(图片引自http://www.plingfactory.de/Science/Atlas/KennkartenTiere/Nematoda/source/Caenorhabditis.html.［2018-01-30］)

秀丽隐杆线虫具有雌雄同体（hermaphrodites）和雄性（male）两种不同的性别个体，其性染色体分别为XX和XO。雌雄同体的线虫既产生卵，也产生精子，可以进行自体受精，也可以接受其他雄性的精子。雌性生殖系统包括成对的卵巢、输卵管、贮精囊及单一子宫，生殖孔开口在腹面中部（图6-7）。雄性生殖系统包括一个单叶性腺(single-lobed gonad)、输精管及一个特化为交配用的尾部（图6-8）。

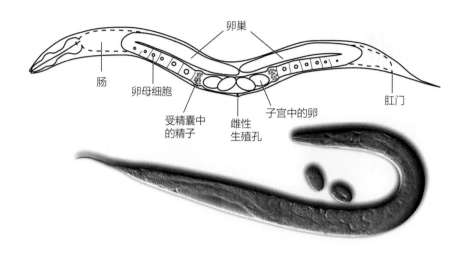

图6-7　秀丽隐杆线虫的雌雄同体个体

(上为模式图，下为实物图)

（引自http://wormat/asorg/her maphrodite/introduction/introframeset.html.［2018-01-30］）

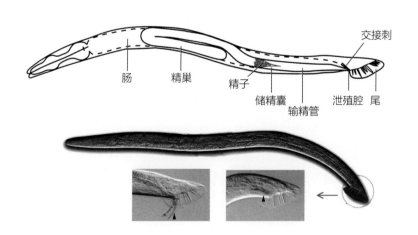

图6-8　秀丽隐杆线虫的雄性个体

(上图为模式图，中图为实物图，下图中黑色箭头所指为交接刺)

（引自http://wormat/asorg/her maphrodite/introduction/introframeset.html.［2018-01-30］）

真体腔不分节的动物：软体动物门（Mollusca）

软体动物具有中胚层形成的真体腔，但真体腔还不发达，仅存在于围心腔及生殖腺腔中。软体动物具有完整的消化道，出现了呼吸和循环系统，也出现了比原肾更复杂的后肾。软体动物形态变化很大，种类繁多，是动物界中仅次于节肢动物的第二大门类。

一 实验目的

解剖观察软体动物门双壳纲（Bivalvia）文蛤（*Meretrix* sp.）和头足纲（Cephalopoda）柔鱼（*Todarodes* sp.），了解软体动物门的形态结构、生理特点及双壳纲和头足纲的基本特征。观察和识别软体动物门常见物种，了解其多样性和适应性特征。

二 实验材料与用品

（1）文蛤、柔鱼标本；
（2）河蚌壳的磨片；
（3）显微镜、解剖镜、解剖器、蜡盘等；
（4）软体动物门各物种标本。

三　实验内容

（一）文蛤的形态观察

1. 外形观察（图7-1）

文蛤体表有左右两个贝壳（shell），贝壳背部以一条黑褐色的铰韧带（hinge ligamentum）相连。贝壳是文蛤的保护器官，遇敌时，肉体可完全缩入壳内。在靠近背面处，略为突出的隆起处为壳顶（umbo）。壳顶是最早生成的部分，其表面常因水中碳酸的侵蚀而变白色。壳顶所在的一端便是文蛤的前端，稍钝圆，另一端为后端，稍尖。壳的表面有许多同心的环纹，是文蛤生长过程中留下的痕迹，称为生长线（line of growth）。参照河蚌壳磨片理解贝壳的构成。

图7-1　文蛤的外形

A.左侧观；B.右侧观；C.背面观

2. 内部解剖

将活体文蛤放入75℃左右的热水中约5min后取出，可见其两个贝壳腹面张开一条小缝。将标本左侧向上放于小蜡盘中，以解剖刀从缝隙处将壳略撬开。这时可看到足的局部与外套膜（mantle）的边缘。用解剖刀拨动左侧的外套膜边缘，将其与贝壳轻轻分离。用手术刀沿文蛤左侧贝壳内面向里探寻，可感觉到身体前、后端强有力的闭壳肌。刀刃紧贴壳壁割断这些肌肉，避免损伤身体其他部分。肌肉完全被割断后，壳瓣即自动打开。此时如需让壳关闭，反而需施加一些压力。思考：这是为什么？

观察已打开的左壳内壁，其表面瓷白色，与贝壳外表面不同。在壳内面外缘附近，有一与壳缘平行的线痕，称外套膜痕，是外套膜附着的地方。后部外套膜痕向内凹入，形成外套窦，此处对应于出、入水管在体内存在的位置。前端有一块大的与两块小的肌肉附着痕迹。大的是前闭壳肌（anterior adductor）痕；小的痕迹，上面的是缩足肌（retractor）痕，下面的是伸足肌（protractor）痕。后端则有后闭壳肌痕（大斑），与后缩足肌痕（小斑）（图7-2）。

在低倍镜下观察河蚌壳的磨片示例。最表面的灰褐色的一层为角质层（cuticule），是由外套膜的边缘分泌而成；其次为棱柱层（prismatic layer），主要是石灰质；最内为珍珠层（nacreous layer），有珍珠光泽，由整个外套膜分泌而成。

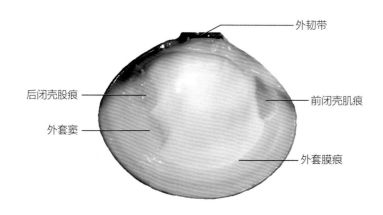

图7-2　文蛤壳内结构（左壳）

　　继续观察壳内部分，可见一层半透明的外套膜包围在身体外侧。外套膜在背面与内脏团的皮肤相连续，腹缘游离（图7-3）。外套膜在后端局部愈合，形成两个不完整的管状结构。背部的是出水管（exhalent siphon），紧接于出水管下面较大的为入水管（inhalant siphon）。剪去左侧外套膜，就可见由外套膜所包围形成的外套腔（mantle cavity），其中有足与鳃（gills 或 branchiae）。足是文蛤的运动器官，富有肌肉，生活时可伸出壳外以挖掘泥沙。鳃成叶状，位于足的两侧，每侧两叶，即外鳃瓣与内鳃瓣（图7-4）。鳃瓣（lamellae）由皮肤折叠而成，每个鳃瓣又由内外两小瓣（laminae）组成，它们的背面分离，因此每鳃瓣内，即两个小鳃瓣间有鳃腔。在其内外两鳃瓣的背面共同形成鳃上腔。在鳃的表

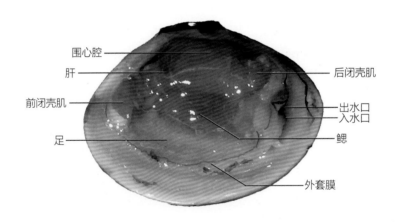

图7-3　文蛤的内部结构（上覆外套膜）

面具有纤毛（不易看见），纤毛摆动形成水流。鳃上密布血管，是进行气体交换的地方，而外鳃瓣的鳃腔同时也是精卵细胞受精和受精卵发育形成胚胎的场所。在成熟的雌蚌中，有时外鳃叶特别肥大，其中充满着发育中的卵细胞。在鳃的前方，前闭壳肌之后，两侧各有两片较小的肉叶，即触唇。其上密生纤毛，有感觉和取食的机能（图7-4）。

　　围心腔（pericardil cavity）位于足的后上方，如外套膜已剪去，则围心腔清楚可见。围心腔是体腔的主要残留部分，在围心腔两侧有一对三角形的薄囊，即

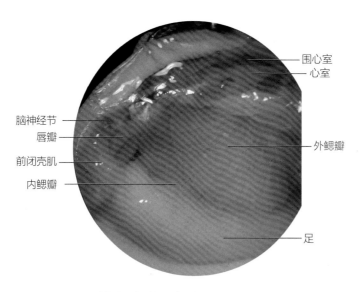

图7-4　文蛤的内部结构（示鳃、心室、唇瓣、脑神经节）

为心耳（auricle），心耳向上通入心室，心室中央被肠道穿过（图7-4，参见视频：文蛤心脏搏动）。在心耳的下方有一对黑色的肾脏。外肾孔一对，分别开口于左右两个内鳃鳃上腔的前部，一对内肾孔开口于围心腔中（不易看到）。

视频：文蛤心脏搏动

　　神经系统由三对神经节及神经索组成。脑神经节位于食道的两侧（前闭壳肌后方）（图7-4）。足神经节埋在足的深层，纵剖足为相等的两半，在出现内脏团的边缘仔细寻找，可看到乳白色的放射状的足神经节。脏神经节位于后闭壳肌的下方，两侧的神经节彼此以神经相连接。

　　打开内脏囊，可以看到充满在体壁与肠道之间的生殖腺。文蛤雌雄异体，但在体表上雌、雄生殖腺不易区别。生殖腺通过短的导管以一对生殖孔分别开口于两外肾孔的下面。

　　慢慢地拨去生殖腺，就可看到盘绕在足内的肠。顺着肠分别向前、向后进行解剖，就能找出整个消化道。口位于最前方的左右唇瓣之间，向后经食道进入膨大的胃。在食道与胃的周围，有黄绿色的肝脏。肠从胃的下方伸出，盘绕于足的上部，又上行从围心腔的前端入围心腔，穿过心室，自围心腔的后端伸出，以肛门通于出水管。

（二）柔鱼的形态观察

1. 外形观察（图7-5）

柔鱼的身体呈圆筒形，一端为头，有10个腕，左右各5对，其中1对特长，称触腕，腕的内面密生吸盘，吸盘均2行，大小略有差异。吸盘角质环外缘均有尖锥形小齿。腕是柔鱼的捕食器官。头的两侧各有一个很大的眼睛，构造复杂，和脊椎动物的眼睛相似，有相当高的视觉能力。用镊子将腕向四周拨开，便可看见位于中央的口和口周围的围口膜。

除头部外，柔鱼的身体完全在一个长形的肉质圆筒内，此为外套膜。外套膜的长为宽的3倍多，末端尖细。外套膜后部两侧各有一肉质缘，为鳍（fin）。鳍短于外套膜的一半，左右两鳍在末端相连成心状。

图7-5　柔鱼的外部形态

A.腹面；B.背面

外套膜的前缘，背面与身体愈合，腹面游离与身体间形成缝。在身体腹面，外套膜之间，头的下面有一个漏斗（funnel），是外套腔的出水管，漏斗和腕都是由足发展而来的。内壳角质，细条状，贯通全长，最末端有空心圆锥物。

2. 内部解剖（图7-6）

将标本放在解剖盘中，沿外套膜腹面正中纵行剪开，直至身体后缘。此时露出的腔即为外套腔，在外套腔的前缘可看到漏斗的全貌，漏斗的腹面有两个小凹，外套膜的内面左右各有一个软骨突起。将已剪断的外套膜放回原处，便可看见这两个软骨突起正好嵌在漏斗腹面上的小凹中。生活时，水从外套膜和身体间的缝隙流入，由于肌肉的收缩，软骨紧扣在小凹中，缝隙便关闭，水被挤压便从漏斗喷出。这样柔鱼便可以迅速地倒退。

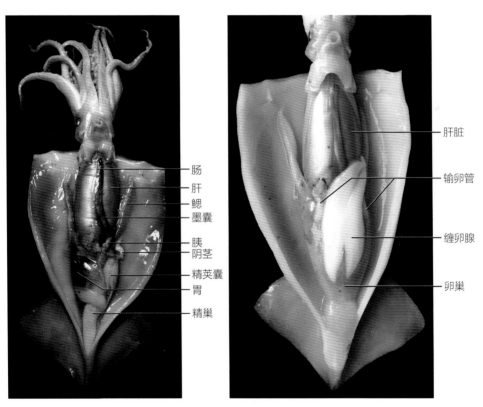

肠
肝
鳃
墨囊
胰
阴茎
精荚囊
胃
精巢

肝脏
输卵管
缠卵腺
卵巢

图7-6 柔鱼的内部结构（腹面观）　　图7-7 柔鱼的雌性生殖系统（腹面观）

　　打开外套膜后，首先看到的是生殖系统。柔鱼雌雄异体，在雌性柔鱼中，外套腔的后部有一对长条形乳白色的缠卵腺，在缠卵腺背侧，有一个卵巢。卵巢包在卵巢囊中，由卵巢向头部伸出一对输卵管，以生殖孔开口于外套腔中。在卵巢前方的一对发达的缠卵腺各自独立开口，可以分泌黏液，使卵粒形成卵块便于附着（图7-7）。在雄性生殖系统中，与卵巢位置相应的是一个精巢，由它向左侧通出一条弯曲的输精管。需极小心剥离解剖才能分清以下各部：输精管后端膨大形成贮精囊，贮精囊后方为一条膨大薄壁的精荚囊，其中有一条条细长的精荚，精荚中有无数精子，最后以阴茎开口于左侧外套腔中（图7-8）。

　　剥去缠卵腺后，可以看到紧接其下面有一个极薄的囊，囊中有一对肾脏，其内侧与围心腔相通，外侧有两个乳头状突起，开口在靠腹面中央两侧的前方，即肾孔。

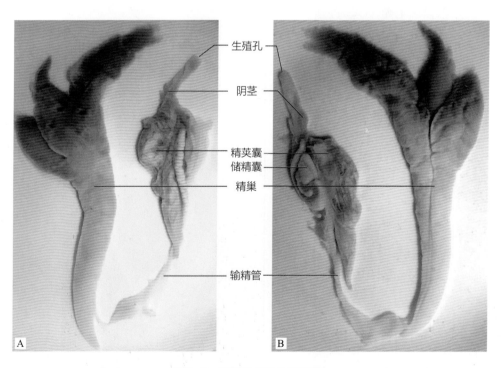

图7-8　柔鱼的雄性生殖系统
A.腹面观；B.背面观

　　解剖消化系统时，要特别注意循环系统，因为它们时而伴行，时而交错。在围口膜的中央为口，口腔内有一对褐色的硬颚（jaw），上下嵌合成鹦鹉喙状，是其咀嚼器官，可以拨出观察其结构。口后为口球，圆形，内有齿舌。口球向下连接食道，靠近身体的背面，可由背面解剖寻找。在食道腹侧有一黄绿色的肝脏，在肝脏的顶端有一小唾液腺。食道后端连接膨大厚壁的胃，胃位于躯干部中央。由胃再通入小肠，在胃与小肠之间有胃盲囊和浅黄色葡萄串状的胰脏（pancreas）。小肠位于肝脏的腹侧，从后向前延伸，其后为直肠，以肛门开口于外套腔前端。在肝的腹面有一细长的墨囊（ink sac），有管开口于肛门附近的直肠内。墨囊可放出墨汁以逃避敌人（图7-6，图7-9）。

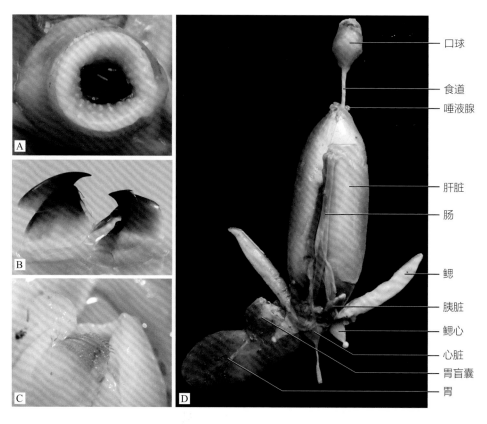

口球
食道
唾液腺
肝脏
肠
鳃
胰脏
鳃心
心脏
胃盲囊
胃

图7-9　柔鱼的消化系统及循环系统（腹面观）

A.口球（口面观）；B.硬颚（侧面观）；C.齿舌（已去除硬颚，翻开口球）

　　在内脏中部胃的前方有一薄壁的围心腔，内有一个心室及两个心耳。由心室向前通出前大动脉（aorta），与食道平行；向后通出后大动脉分布到内脏。有一条前大静脉位于身体的腹面，后行为两支，穿过肾脏囊，在这部分周围有许多腺体。然后穿出肾脏囊进入鳃。后大静脉为两条，也进入鳃。前、后大静脉在入鳃之前膨大形成鳃心（branchial heart），血液在鳃中进行气体交换，由鳃中出来的血管为出鳃血管，进入心耳，再进入心室。

　　中枢神经系统包括脑神经节、足神经节、侧脏神经节。这些神经节包围在食道的周围，并有软骨匣包裹。打开软骨匣，可见在食道腹面有两个神经节，上侧的一个是足神经节，分出神经到腕及漏斗；下侧的一个是侧脏神经节，发出神经到内脏和外套膜。在食道的背部是脑神经节，它向两侧分出嗅觉神经。由侧脏神经节向侧后方分出神经到外套膜上，形成巨大的星状神经节（stellate ganglion）。

（三）软体动物门的多样性

　　目前全世界已知的软体动物约115 000种，是动物界仅次于节肢动物的第二大门类。其分布广泛，除了淡水和海洋生活的种类外，还有在陆地上生活的种类。根据其形态结构可以分为7个纲。

1. 单板纲（Monoplacophora）

　　过去一直被认为是化石种类，1952年才在深海发现有生活的个体，命名为新蝶贝（*Neopilina galathea*）。新蝶贝具有一个两侧对称的扁平状的楯形壳，或矮圆锥形壳，头部不发达，身体腹面有宽大扁平的足，外套沟中有5～6对单栉鳃（鳃轴一侧有鳃丝）。

2. 多板纲（Polyplacophora）

　　头部不明显，身体背面有8块覆瓦状排列的贝壳，全部海产。

　　（红条）毛肤石鳖（*Acanthochiton rubrolineatus*）身体椭圆形，长27～33mm，宽16～21mm。体色变化大，多为灰绿色或青灰色。背腹扁平，背面中央突起，有呈覆瓦状排列的石灰质壳片8块，暗绿色壳片中央具有3条红色色带。腹面周围的肉质边缘是其外套膜，其内为宽扁的足，足不仅用于爬行，并且可使石鳖固着在岩石上，足的前方为头部，头的腹面有口，足与头和外套膜之间是外套腔，肛门位于外套腔的后部，外套腔内各有一排栉鳃。通常在潮间带的岩石上刮食藻类（图7-10A）。

3. 无板纲（Aplacophora）

身体长约5cm，呈蠕虫状，体表无贝壳，体壁中有角质或石灰质的骨刺，腹面中间有一条由外套膜下卷形成的纵沟，头部不发达。全部海产，穴居或爬行。如我国南海出产的龙女簪（*Proneomenia* sp.）

图7-10　软体动物门常见物种
A.红条毛肤石鳖；B.蒙古华蜗牛；C.毛蚶；D.章鱼

4. 腹足纲（Gastropoda）

头部明显，身体左右不对称，足块状，多具螺旋形的壳；现存约有75 000种，广泛分布在海洋、淡水和陆地，是软体动物中最大的一纲。

中国圆田螺（*Cipangopaludina chinensis*），体型中等，贝壳近宽圆锥形，具6～7个螺层，壳顶尖，壳口具厣板，壳面光滑，呈黄褐色。头部明显，前端背侧具2对触角，足块状，宽大。广泛分布于各淡水水域。

皱纹盘鲍（*Haliotis discus*），又称盘大鲍，贝壳大型，壳很低，螺旋部退化，有3个螺层，壳顶钝，体螺层及壳口极大，无厣；自第二螺层中部开始，至体螺层的边缘，有一列突起和小孔；足部特别发达肥厚，分为上、下足。分布于我国北部沿海，栖息在深度10余米潮流畅通的海水中，取食岩礁上的海藻。

蒙古华蜗牛（*Cathaica mongolica*），贝壳中等大小，壳质稍厚，坚实，半透明，呈扁圆锥形。壳高8mm，宽15mm。有5个螺层。顶部几个螺层增长缓慢、略膨胀，螺旋部低矮，几乎扁平。体螺层增长迅速，膨大，至壳口处向下倾斜。壳顶钝，缝合线深。壳面呈浅褐色或黄褐色，有光泽，体螺层周缘和各螺层缝合线处均有一条较细的红褐色色带，壳面有细致而稠密的生长线。壳口向下倾斜，呈椭圆形，口缘稍厚，内有一条白瓷状的肋环，略外折、锋利，外唇几乎与其下部垂直，外折，轴缘短。脐孔大而深，呈漏斗状，可见到顶端螺层。是华北地区最常见的软体动物（图7-10B）。

5. 双壳纲（Bivalvia）

身体侧扁，有一对发达的壳左右包围着身体，头不明显，无口腔和齿舌，足斧状，已知有约3000种，多数分布在海洋，少数生活在淡水。

背角无齿蚌（*Anodonta woodiana*），俗称河蚌，外形呈角突卵圆形，有左右发达对称的贝壳，壳长可达200mm，贝壳背部铰合部无齿，以一条褐色的铰韧带（hinge-ligamentum）相连，在腹面，两瓣是分离的，有铰韧带的一端是壳顶（umbo），前端较钝圆，后端较尖；壳内可见外套膜、显著的足和两个瓣鳃。分布很广，栖息于河流、湖泊等淡水的泥沙中。

毛蚶（*Arca subcrenafa*），成体壳长4～5cm，壳膨胀呈卵圆形，壳面具30～44条放射肋，铰合部平直有齿，壳面白色，长有褐色绒毛。在我国，毛蚶主要分布于渤海和东海近海，栖息于浅海泥砂底中（图7-10C）。

6. 掘足纲（Scaphopoda）

身体呈圆筒形，外套膜在腹面愈合，将身体包裹其中，分泌形成管状贝壳，以保护身体，管的两端都有开口；头部不明显，足柱状，无鳃。全部海产，在泥或沙滩中穴居。

角贝（*Dentalium* sp.），身体形似牛角，壳两端开口，头部退化，从壳口伸出头丝，具有感觉及捕食功能；足为圆柱形，适于挖掘。

7. 头足纲（Cephalopoda）

头部极发达，具发达的眼，足在头部口周围分裂成8～10条腕，故名；外套膜有发达的肌肉，原始种类有贝壳，多数种类壳被外套膜包裹于体内，或退化。全部海产。

鹦鹉螺（*Nautilus pompiplius*），较为原始的头足类，体外具壳，左右对称，沿一个平面作背腹旋转，呈螺旋形，状似鹦鹉嘴，故名鹦鹉螺。壳的内腔由隔层分为多个壳室，动物居住在最后也是最大的壳室（住室）中，其他的室充满空气，称"气室"；在其口的周围和头的两侧，长有90只触手。暖水性动物，是印度洋和太平洋海区特有的种类，平时多在深水底层用腕缓慢地爬行，也可以靠气室在水中漂浮，或以漏斗喷水的方式游泳。

金乌贼（*Sepia esculenta*），又名墨鱼，体中型，长约20cm，头部前端中央有口，头的两侧有一对发达的眼；口周围有10条腕，腕内侧具圆形的吸盘；头部腹面有一个漏斗，由足退化而来，是排泄物、水、粪便和墨汁的出口，动物可以由漏斗急速喷出水流，而推动身体迅速运动。无外壳，而在躯干部背面的外套膜中有一块石灰质的内壳（海螵蛸）。在我国沿海均有分布，以黄、渤海居多。

章鱼（*Octopus* sp.），体呈短卵圆形，囊状，无鳍；头与躯体分界不明显，头上有大的复眼及8条可收缩的腕。每条腕均有两排肉质的吸盘，短蛸的腕长约12cm，长蛸的腕长约48.5cm，真蛸的腕长约32.5cm。平时用腕爬行，有时借腕间膜伸缩来游泳，能有力地握持他物，用头下部的漏斗喷水作快速退游。腕的基部与称为裙的蹼状组织相连，其中心部有口（图7-10D）。

实验8	分节的真体腔原口动物： 环节动物门（Annelida）

环节动物的身体出现了分节现象，多为同律体节，体节的出现使其运动更加灵活。环节动物普遍具有发达的真体腔，加之消化道上有中胚层分化的肌肉层加入，肠的蠕动更加自主，提高了消化能力。环节动物还具有闭管式循环系统，可以更有效地完成营养物质和代谢产物的输送。

一　实验目的

观察环节动物门寡毛纲（Oligochaeta）环毛蚓（*Pheretima* sp.）的形态与切片，了解环节动物门的基本形态与生理特征，重点了解其真体腔的结构。观察和识别环节动物门常见物种，了解其多样性和适应性特征。

二　实验材料与用品

（1）环毛蚓活体（或浸制）标本；
（2）环毛蚓的横切片；
（3）显微镜、解剖镜、解剖器、蜡盘、大头针、盖片、载玻片等；
（4）环节动物门各物种标本。

三 实验内容

（一）环毛蚓的外部形态观察

观察和区分环毛蚓的头、尾端和背、腹面。背面颜色较深，腹面色浅而富有光泽。头端微膨大，尾端细而圆。口位于身体前端，有口的一节即是围口节（peristome），围口节前端有小的突出皱褶，即口前叶（prostomium），它有钻掘泥沙的功能（见视频：环毛蚓的外形观察），口前叶及围口节构成头部。最后体节名为肛节，尾端有肛孔。除头、尾外，环毛蚓的其他体节外部形态大致相同：每体节以节间沟相分隔，各节中央环色略浅，其上着生一圈刚毛，此为同律体节。身体背中线两体节之间的节间沟上有一小孔，称背孔。背孔与体腔相通，体腔液可从背孔排出润泽皮肤，保证其正常的呼吸功能（图8-1A、B、C）。

视频：环毛蚓的外形观察

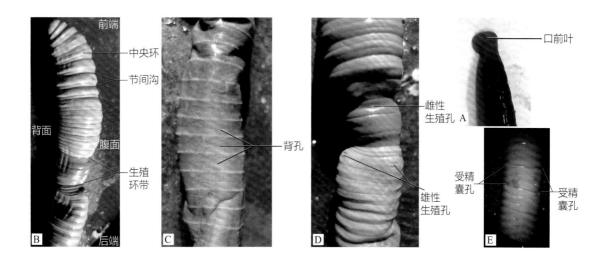

图8-1　环毛蚓的外部形态

A. 示口前叶；B. 示体前部特征；C. 示背孔；D. 示雌性、雄性生殖孔；E. 示受精囊孔

性成熟时，其身体前部第14～16体节形成生殖环带（clitellum），环带处节间沟不明显，体表变厚，富含腺细胞，可分泌黏液形成卵袋。生殖环带腹面最前一节（第14体节）的正中有一小孔，即雌性生殖孔。第18体节腹面有一对乳头状突起，每突起的顶端有小孔，即雄性生殖孔，受精时由此孔向异体输送精子。体侧第7—8、第8—9体节之间的节间沟上各有一对裂缝状开口，即受精囊孔（spermathecal opening），用来接受异体输送的精子，并在卵袋经过时释放精子使卵受精（图8-1D、E）。

（二）蚯蚓的内部解剖

1. 解剖方法

用左手食指与中指夹着标本前段，以大拇指及其余手指拿着标本中段，在前1/3处的背中线稍偏右处先剪一小口，再将剪刀尖头略伸入，分别向前、向后将体壁剪开，剪时刀口须向上提起，以免损伤内部器官，剪至前3～4体节时更需小心，以免损伤脑神经节。然后用大头针二只，在环带中央即第15体节两侧向外侧倾斜45°插入蜡盘，将标本固定在蜡盘中，然后小心地剥离节间膜使体壁展开，向前、向后每隔5体节以大头针对称地将体壁固定在蜡盘上。在蜡盘中加入适量的水，以浸过标本为宜。

2. 内部结构观察

• 消化系统（图8-2）：体腔内一条贯穿前后的粗大管道即为消化道。其前端是口，口后的囊形小腔是口腔（第1、2体节）。口腔之后为一膨大梨形的肌肉质咽（第2～6体节），咽部的四周有大量肌肉纤维连到体壁，肌肉的运动可增强咽部抽吸食物的作用。咽后为一薄壁的直管即食道（第6～7体节），食道通入一薄壁淡红色的嗉囊（crop）（第7～8体节），嗉囊为储存食物的器官。食道和嗉囊被肌肉质的节间膜包围。嗉囊之后是厚壁肌肉质的砂囊（gizzard）（第8～10体节），用以研磨食物。再后为薄壁直管，直达身体后端，即为中肠。中肠有丰富的血液供应，有消化吸收食物的功能。在第26体节附近，中肠背面两侧向前各分出一锥形小盲囊（盲肠），是消化腺。后肠很短，与中肠外形相似，以肛门通于体外。

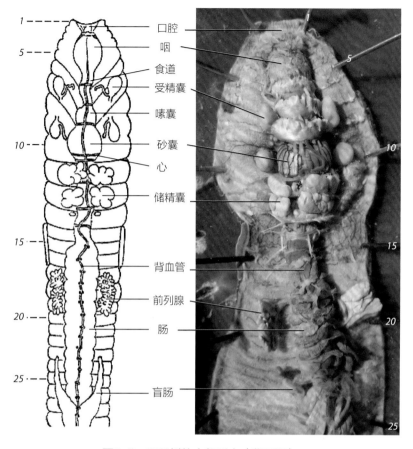

口腔
咽
食道
受精囊
嗉囊
砂囊
心
储精囊
背血管
前列腺
肠
盲肠

图8-2 环毛蚓的内部形态（背面观）

• 排泄系统（图8-3）：小心地用镊子取下一部分膜状的节间膜，放于载玻片上，加一滴水，盖上盖片，在显微镜下观察，可看到漏斗状肾口和弯曲迂回的肾管（nephridium）。

• 循环系统（图8-2）：在消化道背面有一条红色细管（经福尔马林固定后常呈黑色），为背血管，背血管在生活状态下有搏动。将消化道轻轻拨向一侧，可看见在其底面的一条腹血管。此外，在第5~7和10体节（第10体节有两对）可以看到五对连接背血管和腹血管的环血管，生活状态下有搏动的功能，被称为心脏（heart）。第11~13体节还各有一对环血管，无搏动功能。

• 生殖系统（图8-4）：在身体前部的第11、12体节，围绕消化道两侧及背

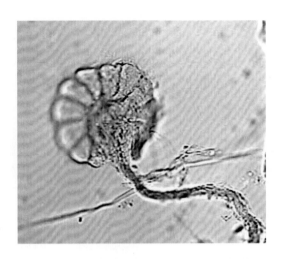

图8-3 环毛蚓节间膜上的肾口（10×40）

面有两对大的白色的储精囊，精子在此发育成熟。在第10、11体节，储精囊腹面有两对精巢囊，其内包着两对极小的精巢，精子在此形成。每一精巢囊各连一条很细的输精管，后合为1对，沿身体腹面后行，至第18体节，以雄性生殖孔通于体外。在生殖孔基部有花瓣状的前列腺（prostate gland），分泌黏液保证精子运动并供给营养。卵巢位于第13体节腹面，为一对白色微体，需借助解剖镜仔细解剖才能找到。卵巢后面是一对卵漏斗（oviduct funnel），漏斗口在第13～14体节隔膜上，两管于下端汇合，开口于第14体节腹中线上（图8-5）。卵在卵巢内生成以后，通过输卵管排出体外，进入环带腺细胞分泌的黏液中形成卵袋。在身体前端第7、8体节有两对梨形囊，为受精囊，异体精子即储存于此。当卵袋前移通过受精囊孔时，精子逸出使卵受精。

● 神经系统（图8-4）：将消化道拨向一侧，便可见到位于其下的一条纵行的、灰白色的链状结构，即腹神经索（ventral nerve cord）。腹神经索在每一体节膨大而成神经节（ganglion）。将消化道从盲囊部分剪断，用镊子夹住前半段的断头，轻轻提起直到咽部，然后再将消化道剪断移走，露出腹神经索；沿腹神经索向前寻找，便可发现在咽的底面，腹神经索终止于一个较大的神经节，名为咽下神经节（subpharyngeal ganglion），咽下神经节向前分出左右两支神经环绕咽部上行，在咽的背面与脑（又称咽上神经节）相连。

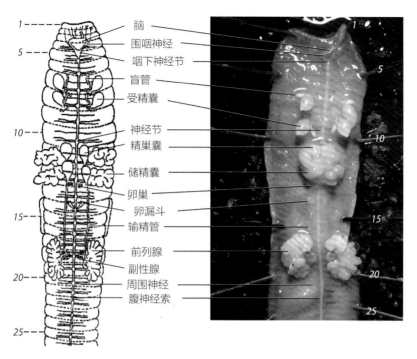

脑
围咽神经
咽下神经节
盲管
受精囊
神经节
精巢囊
储精囊
卵巢
卵漏斗
输精管
前列腺
副性腺
周围神经
腹神经索

图8-4　环毛蚓的生殖系统和神经系统（已去除消化系统）

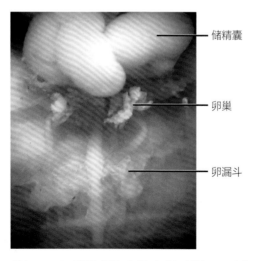

储精囊

卵巢

卵漏斗

图8-5　环毛蚓卵巢和卵漏斗（解剖镜下观察）

（三）环毛蚓的横切片观察（图8-6）

最表面是一层类似几丁质的角质膜和一层非常薄的单层上皮细胞，再下为环肌和较厚的一层纵肌。有刚毛穿过整个肌肉层，因此在横切片上刚毛便将完整的肌肉层分开（有的切片上不易找到刚毛，但可看肌肉的分隔）。在肌肉之下即是由中胚层所分化出来的壁体腔膜。体腔中央是肠道，肠道内壁主要由单层上皮细胞组成，外面有肌肉层（内环肌与外纵肌），在肌肉层的外面有一层有较多折皱的脏体腔膜（黄色细胞组成的黄色细胞层）。壁体腔膜与脏体腔膜之间的空腔是真体腔，腔内有背腺、体腔细胞、蛋白质及悬浮的其他颗粒。肠道背面有向内陷入的皱纹，这是盲道部分，以扩大消化吸收面积。在肠道背面还可看到背血管，

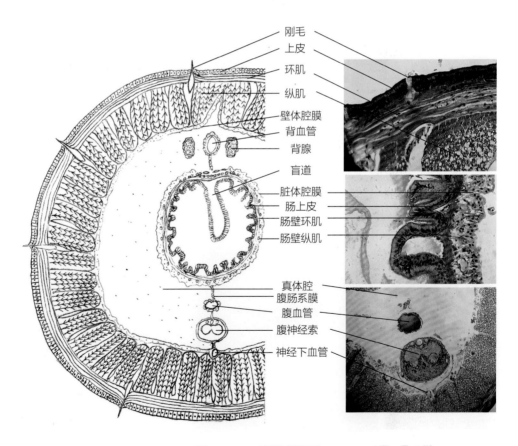

图8-6　环毛蚓的横切面

肠道腹面有腹血管，腹血管的腹面是腹神经索，神经索腹面有一条较细小的神经下血管。

（四）环节动物门的多样性

环节动物目前已知约有13 000种，广泛分布于海洋、淡水和陆地上，既有自由运动的种类，也有穴居生活的种类，还有寄生的种类，分为3个纲。

1. 多毛纲（Polychaeta）

头部和感觉器官比较发达，具疣足，雌雄异体，无生殖环带。大多数底栖于海洋，部分生活于淡水。

沙蚕（*Nereis* sp.），体长圆柱形，后端尖，头部发达，由口前叶和围口节组成，头部口前背面有两个黑色眼点，前缘有一对小触手，腹侧有一对大的触须，均为感觉器管，围口节的侧缘有两对触须；躯干部由许多体节组成，每一体节两侧均有一对疣足，最后一节无疣足而有尾须。沙蚕多栖息于潮间带，也有在深海的种类。

毛翼虫（*Chaetopterus variopedatus*）（图8-7），常栖息于潮间带泥沙滩。体外有U形管，两端开口于地面。身体由不同形状的体节组成。前部10个体节扁平，有口前叶与触须，旁有9对疣足，第10背肢变成1对翼状体。第12～16体节腹面均有腹吸盘及扇状体。身体后部有明显的体节与疣足，节数不定。夜间可发磷光。

图8-7　毛翼虫的管口（左）和毛翼虫的虫体（右）（左侧为头部）

柄带沙蠋（*Arenicola brasiliensis*），体长约120mm，最长可达200mm。体延长呈圆筒形，前部较粗，头部不明显，具能伸缩的吻，无颚。各节具疣足和刚毛，体中部各节疣足具11对羽状鳃，体后部细窄，无疣足和鳃。体色随生活环境而异，泥滩暗绿色，沙滩棕褐色。卵袋圆形，以一细柄附于海底。

2. 寡毛纲（Oligochaeta）

无明显的头部，疣足退化，体表具刚毛，雌雄同体，具生殖环带，在土壤和水中生活。

参环毛蚓（*Pheretima aspergillum*），体长115~375mm，宽6~12mm。为我国南方常见种，穴居于潮湿多腐殖质的泥土中。第14~16体节在性成熟时可分泌成指状的环带，即生殖带。

直隶环毛蚓（*Pheretima tschiliensis*），体长230~345mm，宽7~12mm。分布甚广，华北、长江流域等处都有。受精囊孔3对，位于6—7、7—8、8—9体节间。

赤子爱胜蚓（*Eisenia foetida*），体长90~150mm，宽3~5mm。背面和侧面深紫色，沿背中线深栗色。环带橙红色或栗红色，位于第25~33体节。体背刚毛对生，细而密。雄孔、雌孔各1对。受精囊孔2对，位于9—10、10—11体节间靠近背中线处。是繁殖率高、适应性强的种类，为世界上最普遍养殖的蚓种。

3. 蛭纲（Hirudinea）

生活于水中或陆地，可在脊椎动物身体上暂时性寄生；身体体节数目一定，无疣足，无刚毛，前、后端具吸盘，雌雄同体。

宽体蚂蟥（*Whitmania pigra*），体型较大，长约10cm，宽约2cm，略呈纺锤形，背腹扁平而肥壮，背面一般色暗，有深色纵行条纹；前吸盘小，后吸盘较大，口内的颚上有齿，能刺破皮肤。广泛分布于我国各地的水田、河湖中。

医用蛭（*Hirudo nipponia*），背腹扁平，体长30~61mm，宽4~8mm。背面黄绿色，有五条鲜艳的黄白色纵纹，中央一条较宽，腹面暗灰色，首尾都有强而有力的吸盘。广泛分布在水田、湖沼中，吸食人畜血液。

身体分节有附肢的原口动物：
节肢动物门（Arthropoda）

　　节肢动物的身体为异律分节，一些相邻体节愈合，形成不同的体区，通常分为头、胸和腹三个部分，完成不同的生理功能，头部的主要功能是感觉和取食，胸部负责运动，而腹部是生殖和代谢的中心。节肢动物的体表具有坚硬的外骨骼，不但可以保护身体，还可以防止体内水分的散失，为陆地生活提供了基本保障；此外，外骨骼还和附着的肌肉一起产生强有力的动作，使节肢动物具有更强的运动能力。节肢动物的附肢本身也是分节的，关节之间的活动性，使附肢的活动多样化，加之多样化的形态，使其可以适应节肢动物各种不同的机能。节肢动物的体腔是由真体腔和囊胚腔共同形成的，称为混合体腔；其循环系统为开管式的，血液和体液混合在一起，称为血淋巴。

一　实验目的

　　观察节肢动物门甲壳纲（Crustacea）对虾（*Penaeus* sp.）和昆虫纲（Insecta）棉蝗（*Chondracris rosea*）的形态，了解节肢动物门基本的形态与生理特征，重点了解其对生活环境的适应特征。

二　实验材料与用品

（1）对虾标本、棉蝗标本；

（2）显微镜、解剖镜、解剖器、蜡盘、大头针、盖片、载玻片等。

三　实验内容

（一）对虾的形态观察

1. 外部形态

对虾整个身体覆以几丁质的外骨骼，身体可分为头胸部和腹部两部分（图9-1）。头胸部外骨骼在背部及两侧愈合构成头胸甲，头胸甲的背面向前伸出额剑，在额剑的下方，每侧各有一小凹，着生有柄的复眼。头胸部实际上是由一定数目的体节愈合而成，在外表已不易看出它们的界限，但每个体节一对附肢依旧存在。腹部体节清晰可见，共7节，最后一节是尾节。

图9-1　南美白对虾的外形

对虾共有19对附肢，基本上一个体节1对附肢。除小触角为单枝型外，其他均为双枝型，双枝型附肢的基本模式包括与躯体相连的原肢节和与之相连的内肢节和外肢节。

将对虾身体一侧的附肢按次序取下，排列在解剖盘上，观察其结构，可以发现它们随机能不同而分化为各种不同的结构（图9-2）。头胸部最前端的2对附肢依次为小触角（第一触角）和大触角（第二触角），触角是触觉器官，长须状。触角后面依次是大颚、第一小颚和第二小颚，它们围绕于口的后方两侧，是味觉和咀嚼器官。其后是3对颚足，既有运动的功能，又可以作为口器，把握食物。头胸部最后五对附肢为步足，分节明显，各具7节；前三对步足的末二节相连共同组合成有捕握食物能力的钳状构造，后两对步足末端呈爪状。雌虾的生殖孔开口在第三对步足的基部内侧，雄虾的生殖孔开口在第五对步足的基部内侧。腹部附肢六对，前五对腹肢是游泳足，第一、第二对特化，有辅助生殖的功能。雌性第一对腹肢内肢节大大缩小，已无游泳功能；雄性第一对腹肢内肢节变成膜质的薄片，边缘密生钩状细毛，左右两个附肢的细毛钩在一起形成一管道，交配时，精液通过管道时形成腊肠形的精荚，送入雌性的胸部最后一对附肢基部之间的圆盘形受精囊中（图9-3）。腹部第六对附肢是尾足，与尾节一起构成尾扇，运动时起船舵的功能。

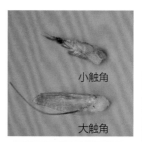

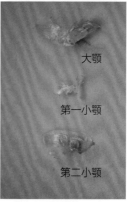

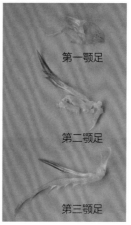

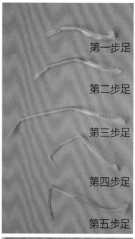

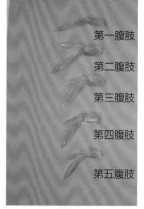

图9-2　对虾的附肢图

（注：各小图的比例不一致）

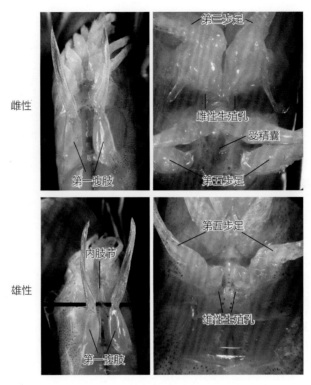

图9-3　对虾雌、雄外部生殖结构

2. 内部解剖与观察

用剪刀从对虾的头胸甲后缘中央，稍偏左侧向前剪至头前端，然后小心地将对虾左侧的头胸甲去掉，即可看到在头胸甲下面两侧鳃腔中的鳃，这是对虾的呼吸器官（图9-4）。水流经附肢基部、头胸甲的游离缘进入鳃腔，在此进行气体交换。

继续解剖，小心去除右侧头胸甲，即可露出身体大部分内脏器官（图9-5）。

（1）循环系统

心脏位于头胸部后端背侧中央，是一个淡褐色半透明状多角形的肉质小体，用镊子轻轻提起心脏，可见与心脏相连的多条动脉。观察，心脏上是否连有静脉？

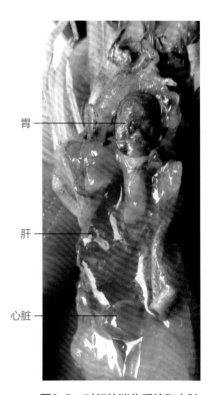

鳃

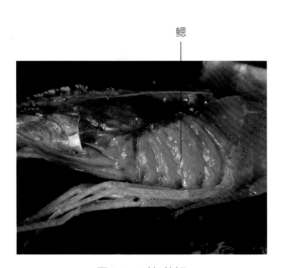

胃

肝

心脏

图9-4　对虾的鳃 图9-5　对虾的消化系统和心脏

（2）消化系统

口在头的腹面两个大颚之间，食道很短，连接膨大的胃，胃的后端向后延伸成细管状的肠，贯穿头胸部的后半部通入腹部，沿背中线向后走行，在尾节的腹面以肛门开口。在胃后部及头胸部肠道的两侧有肝脏（或称肝胰腺），可分泌消化液入胃。

（3）泄殖系统

对虾的排泄器官是与后肾同源的触角腺，位于头胸部前端腹面，以排泄管通位于大触角基部的排泄孔（图9-6）。

对虾雌雄异体，卵巢位于胃的后部背侧，在两个肝脏之间；卵巢经很短的输卵管开口于第三步足的基部内侧。精巢位置同卵巢，但一般不延伸到体后端，输精管长而迂回，开口于第五对步足的基部内侧。

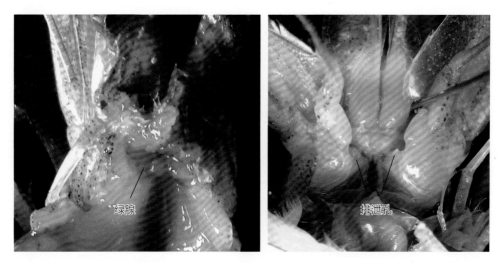

图9-6　对虾的绿腺和排泄孔

（4）神经系统

对虾的神经系统是链状的。将胃去除，即可看见围绕于食道两侧白色的围食道神经，围食道神经绕过食道前端会合后，与膨大的脑神经节相连。脑神经节上有很多的神经分别连通到触角、眼等处。自围食道连索神经往后可看到食道下神经节与紧贴于腹面体壁分节明显的腹神经索，腹神经索直达腹部末端（图9-7）。

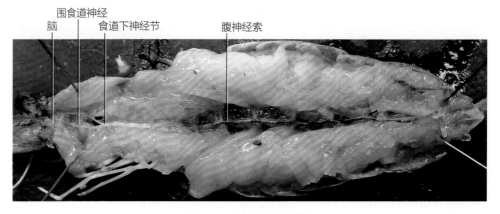

图9-7　对虾的神经系统

（二）棉蝗的形态观察

1. 外形（图9-8）

观察蜡盘中的棉蝗。身体已明显具有体区的分化，可分为头、胸、腹三部分，头部体节愈合，胸部三节，腹部分节明显，整个身体覆以几丁质外骨骼。

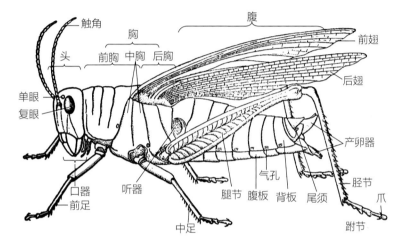

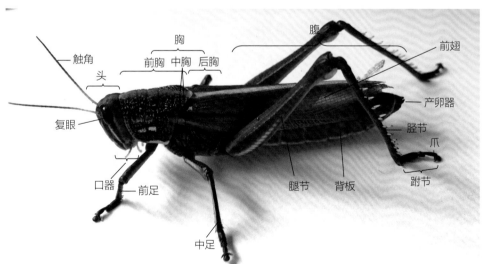

图9-8　棉蝗的外形

（1）头部

头部是蝗虫取食与感觉的中心，以活动的颈部与胸部相连。头部向前伸出一对鞭状的触角，由基节（柄节）、梗节和多节的鞭节组成，是感觉器官。头前端两侧有一对椭圆形复眼，由许多小眼组成。复眼的内缘上方各有1个单眼，额的中央有1个单眼。头部外骨骼坚硬，由许多缝线分成数区，复眼之间为额，额上端为颅顶，头的两侧复眼下方为颊。垂在额的下方略成椭圆的小块叫唇基，连在唇基下面的骨片是上唇。将上唇轻轻掀起，即可见到口器的其他部分。蝗虫的口器属于咀嚼式，这种口器由上唇、下唇、大颚、小颚及舌五部分组成（图9-9）。用镊子轻轻将口器各部分取下，依次放蜡盘中观察。

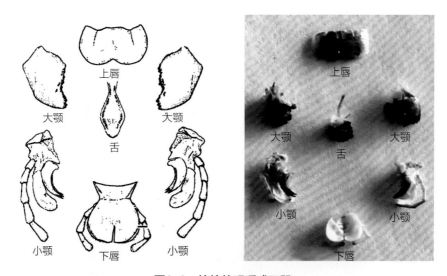

图9-9　棉蝗的咀嚼式口器

（2）胸部

胸部分三节，即前胸、中胸、后胸。每一胸节上有一对足，中胸与后胸各有一对翅。在胸部侧面，前胸与中胸之间有一对气孔（spiracle），表面不易看见，必须将前胸侧面的外骨骼揭开一些才能看到。中胸与后胸之间也有一对气孔，明显可见。

棉蝗的前足和中足为步行足，后足是跳跃足，三对足构造相似。每一足都是由五部分组成，第一节与躯体相连，称为基节（coxa），其次为转节（trochanter）、腿节（femur）、胫节（tibia）及跗节（tarsus）。跗节又分为三节。用解剖镜观察跗节末端，有一对爪，两爪之间有一小肉垫，名为爪中垫（arolium）。

在中胸背面伸出一对革质前翅，有保护后胸膜质后翅的作用。揭开前翅即可看到折叠于其下的后翅，后翅较薄，纵行折叠，展开后很宽大，是飞行的主要器官。

（3）腹部

腹部是生殖与消化代谢的中心。腹部分节清楚，共有11节，但第9节后的体节不易分清楚。试以一手拿住头部，另一手拿住尾端，轻轻拉动蝗虫身体，便可看到腹节之间有节间膜，可使腹部拉长或缩短。在腹部第一节的两侧有一个盖以薄膜的椭圆形孔，这是鼓膜（tympanum），是蝗虫的听觉器官。腹部两侧从第一节到第八节共有八对气孔，为气管的开口。尾部侧面有一对小尾须（cercus），是退化的第11腹节附肢。雌性棉蝗尾部第九、十两腹节背板（tergum）较狭，有愈合趋势，第11节肛门的背面有一块三角形肛上板，两侧有肛侧板，肛门腹面有上、下产卵瓣，组成雌性外生殖器。雄性棉蝗的第九腹节的腹板（sternum）向背部延伸成匙状下生殖板，内藏一个钩状阴茎。

2. 内部构造（图9-10）

剪去蝗虫的足和翅，将其左侧朝上侧放在蜡盘上，用解剖剪自腹部第八、九节剪起，分别沿背中线与腹中线（稍偏左侧以免损伤背血管与腹神经索）向前纵行剪开体壁，到胸部前端为止。剪刀插入越浅越好以免损伤内部器官。轻轻地将左侧体壁掀起，剥离体壁与内脏器官间的关联，移走左侧体壁后，将背腹体壁轻轻分开，固定在解剖盘上，露出整个体腔（混合体腔即血腔，haemocoele），加入少量水以免干燥。

（1）消化系统

口后方有肌肉发达的咽，咽后为狭小的食道，食道后行到胸部膨大而成嗉囊，是储存食物的器官。嗉囊后为管状的砂囊（前胃），用镊子轻轻地夹嗉囊和砂囊，即可感觉到砂囊壁厚，肌肉发达，其内壁有几丁质的齿状突起，有磨碎食

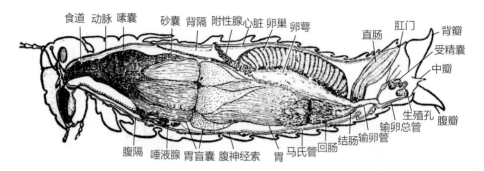

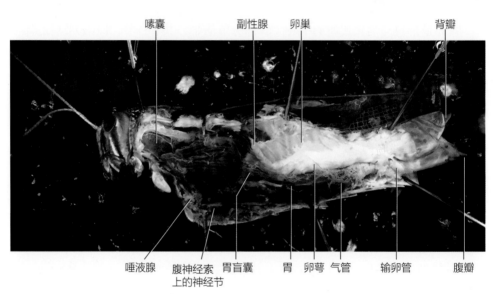

图9-10　棉蝗的内部解剖

物的功能。可参见砂囊的制片，图9-11。砂囊向后伸展而进入胃，在砂囊与胃之间有六对胃盲囊，其中六条向前，游离端较宽，盖在砂囊四周，另外较短的六条游离端较尖，向后伸展包围在胃的四周。胃盲囊与胃相通，能分泌消化液进入胃中帮助消化食物。胃后为肌肉内壁很厚的回肠，粗细与胃差不多，胃与回肠之间有上百条长丝状浅黄色的马氏管（malpighian tubule），为棉蝗的排泄器官，根据马氏管的位置可判断胃与回肠的分界，见图9-12。回肠后是细而弯曲的结肠，

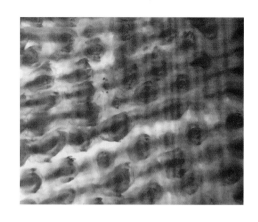

图9-11　棉蝗砂囊中的几丁质齿

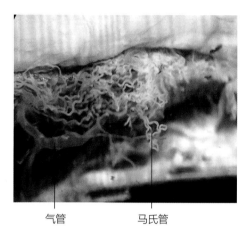

气管　　　　马氏管

图9-12　棉蝗的马氏管和气管

结肠比回肠要细得多。结肠膨大而成直肠，直肠开口于肠部背面末端的肛门。由口到砂囊属于前肠，胃属中肠，胃以后的部分属于后肠。

（2）生殖系统

棉蝗雌雄异体，雌虫较雄虫大。性成熟的雌蝗消化道两侧有许多紧密排列的卵管，组成左右一对卵巢；卵巢后端为输卵管，输卵管合并成总输卵管与阴道；在阴道旁有一由细管相连的受精囊，是接受和储存精子的器官。阴道向后开口于肛门的腹面（图9-10）。雄性棉蝗身体后端在消化道两侧有一对椭圆形的由许多精小管组成的精巢，精巢后端有很细的输精管。这一对输精管汇合而成射精管，再通到交接器。射精管两侧有细丝状的附腺，使精子能在附腺分泌的黏液中游动并形成精荚。射精管与交接器不易找到（图9-13）。

（3）呼吸系统

昆虫是以外胚层表皮内陷而成的气管（trachea）系统进行呼吸作用的。胸部和腹部两侧的气孔便是气管系统与外界进行气体交换的门户。将消化道和生殖腺轻轻移在一侧，即可见到附着于体壁侧面的一条银灰白色发亮的有许多分支的气管干，气管干的位置正好和气孔紧紧相连，每一气孔都以短气管与气管干相连。气管干上分出许多支气管与全身各部组织相连，以便直接进行气体交换（图9-12，图9-13）。体内还可看到银灰色气囊（已成扁状），有储存空气增加浮力

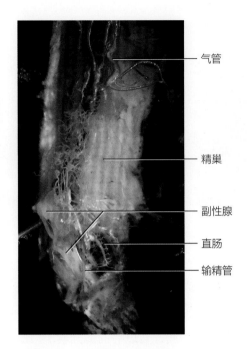

气管

精巢

副性腺

直肠

输精管

图9-13　棉蝗雄性生殖系统

的作用。取下一段气管放在载玻片上，加一滴水用盖片盖住，在显微镜下可见到气管上有螺旋形环纹，具有支撑气管的作用。

（4）神经系统

整个神经系统位于身体腹面，是白色的腹神经索，用放大镜观察腹神经索上的神经节。

节肢动物门的多样性　实验10

节肢动物在动物界中种类最多，数量最大，分布最广，目前已知的种类超过100万种，占动物种类总数的80%以上；节肢动物广泛分布于海洋、淡水、陆地以及动植物体内，已经十分适应陆地生活，几乎占据陆地的所有生境，甚至还有可以在空中飞翔的种类；一些种类还组成了复杂的社会性群体，这些都表明节肢动物的高度进化。

一　实验目的

观察和识别节肢动物门常见物种，了解其多样性和适应性特征。观察各种类型的昆虫触角、口器、翅、足及变态，更深入地了解昆虫纲的多样性与适应的广泛性，并识别一些重要目的代表物种。

二　实验材料与用品

（1）节肢动物门各物种标本；

（2）各类昆虫的口器、翅、足、触角和变态的制片和标本；

（3）昆虫纲主要目成虫标本；

（4）显微镜和解剖镜。

三 实验内容

（一）节肢动物门多样性

根据身体的分节、附肢、呼吸和排泄器官的情况，现存的节肢动物可分为6个纲。

1. 肢口纲（Merostomata）

身体分为头胸部、腹部和尾剑3个部分，无触角，头胸部有6对附肢，第一对为螯肢，后五对为步足，步足的基部围绕在口的周围，形成咀嚼面；呼吸器官为书鳃，着生在腹部附肢外肢的内侧。现仅记录有5种，全部海产。

中国鲎（*Tachypleus tridentatus*），又名三刺鲎，体型较大，头胸部背甲宽阔呈马蹄形，腹部背甲呈六角形；暖水性动物，分布于我国福建、广东等沿海（图10-1A）。

2. 蛛形纲（Arachnida）

身体分为头胸部和腹部，无触角，头胸部有6对附肢，腹部无运动性附肢，具有书肺和气管系统两种呼吸器官，排泄系统包括基节腺和马氏管。蛛形纲大约有60 000余种，绝大多数陆生。

圆网蛛（*Aranea* sp.），常见的蜘蛛种类，体圆形或椭圆形，头胸部与腹部之间有由腹部第一节形成的细柄相连。常在傍晚时间在房檐、墙角等处结网捕食。

东亚钳蝎（*Buthus martensii*），成蝎体长50~60mm，体黄褐色，由头胸部和腹部组成，头胸部有六个体节，呈梯形，前腹部较宽，由7节组成，后腹部为易弯曲的狭长部分，由5个体节及一个尾刺组成，尾刺末端有一个尖而弯曲的钩刺，其尖端的开口可射出毒液。在我国分布较广，如辽宁、山东、河北、河南、陕西、湖北等地。

3. 蔓足纲（Cirripedia）

全部海产，多数固着生活，少数寄生生活。头胸甲形成的外套完全包被体躯和附肢，触角退化，胸部有6对发达的多节蔓肢。

东方小藤壶（*Chthamalus challengeri*），壳高6mm，直径10mm，圆锥形或

圆筒状。围墙表面灰白色或暗灰色，具不规则纵肋。吻板两侧为翼部，吻侧板两侧为幅部。翼部和幅部均较窄。壳底为膜质，壳口为四边形。楯板表面外凸呈暗灰色，生长线近底缘处明显。内面关节脊发达，关节沟深。生活在高潮线附近，固着在岩石或贝壳上，个体小，数量多（图10-1B）。

4. 软甲纲（Malacostraca）

身体分为头胸部和腹部，头胸部有13对附肢，腹部附肢有或无，以鳃呼吸，排泄器官为颚腺和绿腺。已知有约21 000种，生活在海洋或淡水，极少数生活在陆地潮湿的地方。

对虾（*Penaeus orientalis*），体长15～20 cm，甲壳薄而透明，头胸部有13对附肢，第二对触角很长，腹部发达，腹部附肢及尾扇使其游泳能力较强，主要产在黄海和渤海湾中。

三疣梭子蟹（*Neptunus trituberculatus*），头胸甲呈梭子形，甲壳的中央有三个突起，故名。头部两侧扩大，腹部退化，折叠在头胸部的腹面，腹部附肢负责生殖。海产，生活于潮间带。

5. 多足纲（Myriapoda）

身体分为头部和躯干部，头部有3～4对附肢，躯干部一般每个体节有1对足，部分种类因两个体节愈合而步足保留，所以每体节有2对步足；呼吸器官为气管，排泄系统为马氏管。已知约10 500种，分布于陆地上潮湿的地方。

图10-1　节肢动物门常见物种
A. 中国鲎；B. 东方小藤壶；C.马陆

少棘蜈蚣（*Scolopendra subspinipes*），体长11～13cm，头部呈红色，躯干部为黑色或墨绿色，步足黄色；头部4对附肢，躯干部第一对附肢为颚足，十分发达，末端成利爪，有毒腺开口，可射出毒液；躯干部每个体节1对步足。在长江中下游常见，栖息于乱石间。

马陆（*Prospirobolus* sp.），身体长圆形，躯干部能区分出很短的胸部（前4节）和长的腹部，腹部每体节具两对步足。我国各地多有分布，一般生活在潮湿耕地、枯叶堆、瓦砾石堆等处（图10-1C）。

6. 昆虫纲（Insecta）

身体分头胸腹3部分，头部有1对触角，口器具多种分化。胸部3个体节，每节有一对足，高等种类胸部有2对翅。成体腹部的附肢退化。目前已记录的种类超过80万种，是动物界中种类最多的一个类群。

（二）昆虫纲的多样性

昆虫纲不同目的划分多依据翅的发生和形态，口器、触角和足的类型以及变态的类型。由于不同的学者侧重的特征有所不同，所以会存在不同的分类系统。常用的是将昆虫纲分为无翅亚纲和有翅亚纲，共计34个目。

1. 昆虫的翅

① 鞘翅（elytron）：鞘翅目（如金龟子）的前翅，坚硬不透明，角质化，翅上经常有刻点与条纹，翅脉不明显，有保护功能。

② 半鞘翅（hemielytron）：半翅目（如蝽象）的前翅近基部翅质亦为角质，翅外半部为薄透明膜质，因此称为半翅目或异翅目。

③ 革翅（tegmen）：直翅目（如蝗虫）的前翅较硬，坚韧如革，半透明，翅脉细密，有保护作用。

④ 鳞翅（lepidotic）：鳞翅目（蝶、蛾）的翅上覆以大量鳞片，则称鳞翅。

⑤ 膜翅（membranous wing）：膜翅目（蜂类），翅成膜质，柔软透明，翅脉清楚。

⑥ 双翅目（蚊蝇类）的翅：前翅膜质，后翅特化成平衡棍，在飞行时有平衡作用。

2. 昆虫的口器（图10-2）

① 咀嚼式口器：棉蝗的口器，参见棉蝗的解剖。

② 刺吸式口器：观察蝉、蚊头部口器制片。蚊的上唇、大颚、小颚及舌变成了六条口针，藏于下唇，下唇内凹成食物道。取食时由六条口针刺入皮肤。蝉的上唇短不成针状，而是由两个小颚抱合形成食物道，藏于大颚口针内。

③ 舐吸式口器：观察家蝇的口器制片，伸出来的最大部分是下唇，下唇末端成海绵状的唇瓣（labellum），便于舔吸食物。在下唇上面有一块细小薄片是上唇。大颚全部消失，小颚只剩下一对触须。

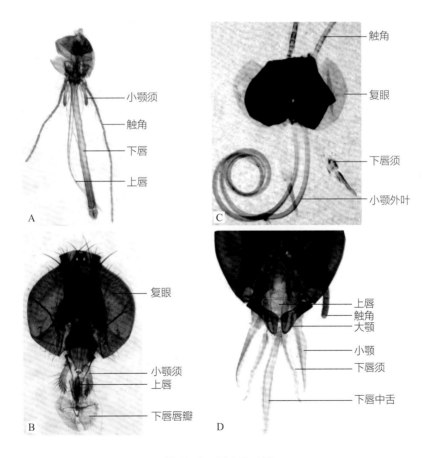

图10-2 昆虫的口器

A. 刺吸式口器；B. 舐吸式口器；C. 虹吸式口器；D. 嚼吸式口器

④ 虹吸式口器：观察蝶与蛾的头部制片，可看见盘绕于头部腹面的细长吸管，它能伸入花的深处吸取花蜜。吸管由左右小颚愈合而成，在其基部尚能看见退化的下唇须，上唇、下唇和大颚都退化消失。

⑤ 嚼吸式口器：是蜂类具有的口器，兼有咀嚼及吸收的功能。上唇及大颚保持咀嚼式结构，适于咀嚼花粉，小颚及下唇延长成管状，适于吸食花蜜。

3. 昆虫的触角（图10-3）

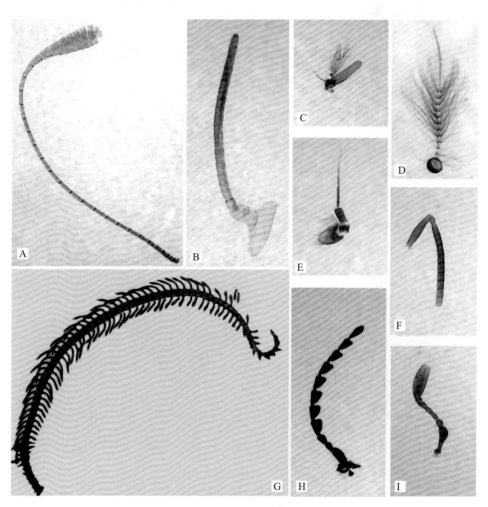

图10-3　昆虫的触角

A.棒状；B.丝状；C.具芒状；D.环毛状；E.刚毛状；F.膝状；G.羽状；H.锯齿状；I.鳃叶状

昆虫的触角变化很大，常作为分类上的重要依据，以下为触角常见类型：

① 鞭状：飞蝗。

② 刚毛状：蜻蜓。

③ 锯齿状：芫菁，叩头虫。

④ 膝状：蜜蜂，象鼻虫。

⑤ 鳃叶状：金龟子。

⑥ 具芒状：家蝇。

⑦ 羽状：雄蛾。

⑧ 棒状（锤状）：蝴蝶。

⑨ 环毛状：雄蚊。

4. 昆虫的足（图10-4）

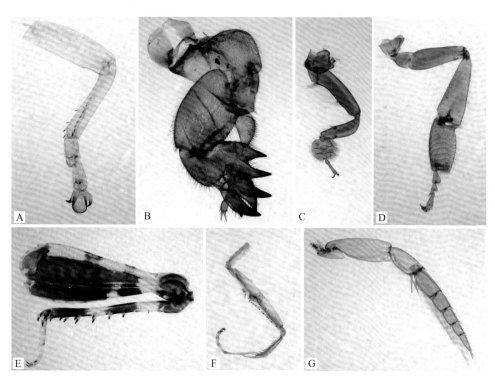

图10-4　昆虫的足
A. 步行足；B. 挖掘足；C. 交配足；D. 采粉足；E. 跳跃足；F. 捕捉足；G. 游泳足

昆虫的足由于其生活方式的不同可分为下列几种类型：

① 步行足：蜚蠊足，蝗虫前足，蚂蚁足。

② 跳跃足：蝗虫后足。

③ 挖掘足：蝼蛄前足。

④ 捕捉足：螳螂前足。

⑤ 游泳足：龙虱后足，划蝽的中后足。

⑥ 交配足：龙虱前足。

⑦ 采粉足：蜜蜂后足。

5. 昆虫的变态类型

① 无变态：衣鱼，成虫与幼虫形态上基本无区别。

② 渐变态：蝗虫的若虫与成虫，身体构造极相似，只是若虫翅甚短，称为翅芽，触角也较短，头部与身体的比例较成虫大。

③ 半变态：蜻蜓的稚虫，水生，下唇特化而成一个假面具，为捕食器官。成虫不具假面。稚虫翅较短不能飞行。

④ 全变态：观察蛾的变态，经卵、幼虫、蛹、成虫四个虫态。

上述的②、③类合称不完全变态昆虫。

6. 昆虫纲分目检索表的使用

检索表是识别、鉴定生物时不可缺少的一种专业工具。根据法国学者拉马克的二歧式原则进行编制，即通过对某一生物类群各个种（或其他分类阶元）的形态特征进行比较分析，按照"非此即彼，两相比较"的原则编制而成。可分为定距式检索表、平行式检索表和连续平行式检索表。

学习检索表的应用，并根据下列检索表观察、检索直翅目、半翅目、同翅目、鞘翅目、双翅目、鳞翅目及膜翅目的重要类群并掌握各目的主要特征。

昆虫纲成虫分目简易检索表

1. 有翅2对···（2）

  有翅1对，后翅退化为平衡棍·························双翅目（Diptera）

2. 前翅角质或革质，后翅膜质·····························（3）

  前、后翅均为膜质···（5）

3. 前翅革质，后足为跳跃足·····················直翅目（Orthoptera）

  前翅角质，或半为革质半为膜质，后足不为跳跃足···········（4）

4. 前翅角质，无翅脉，咀嚼式口器·············鞘翅目（Coleoptera）

  前翅基部革质，端部膜质，有翅脉，刺吸式口器·····半翅目（Hemiptera）

5. 双翅皆披鳞片或细毛，虹吸式口器·············鳞翅目（Lepidoptera）

  双翅无鳞片或密毛，多光滑透明，非虹吸式口器···········（6）

6. 静止时双翅呈屋脊状伏于背上，刺吸式口器·········同翅目（Homoptera）

  静止时双翅平置，咀嚼式或嚼吸式口器·············膜翅目（Hymenoptera）

辐射对称的无脊椎后口动物：棘皮动物门（Echinodermata）

棘皮动物身体表面具有棘刺，突出于体表之外；其一部分体腔形成了特殊的水管系统、血系统和围血系统；骨骼全部起源于中胚层；胚胎发育过程中的原肠孔最终形成成体的肛门，口则在原肠孔相对的一端形成，因此棘皮动物是原始的后口动物。棘皮动物幼虫全部两侧对称，而成体为五辐射对称。

一 实验目的

解剖观察棘皮动物门海星纲（Asteroidea）的海星（*Asterias* sp.），了解棘皮动物门的形态结构与生理特征。观察和识别棘皮动物门常见物种，了解其多样性和适应性特征。

二 实验材料与用品

（1）海星标本；
（2）显微镜、体视镜、解剖器、蜡盘等；
（3）棘皮动物门各物种标本。

三　实验内容

（一）海星的外部形态观察

海星体呈五角星形，分中央盘部及腕部，但分界不明显，腕为五个。反口面略隆起，中央有肛门的开口，但一般不易见。肛门附近两腕基部之间有一小块白色的石灰质板，为筛板，是外界水流进入体内水管系统的门户，筛板下面紧连石管与环水管。每两腕之间的基部有一生殖孔，很难看到。口面平坦，色浅黄，中央有口，口周围有围口膜。自口沿各腕中线直至腕的顶端各有一条纵沟，即步带沟（ambulacral groove），自沟内伸出四排管足，管足末端有吸盘，是爬行及捕食器官。海星体表极为粗糙，体表有许多由骨骼向外突起而形成的棘刺，在反口面体壁上的棘刺呈钳形，为棘钳（pedicellariae），有清除外来杂物及保护的功能。体壁上还可看到一种极薄的皮肤突起，即皮鳃（dermal branchiae），与排泄和呼吸相关。

（二）海星的内部解剖

1. 解剖方法

海星反口面向上放置于蜡盘中，用解剖剪从某一腕末端两侧边缘向中央盘剪，剪至中央盘处停止。用镊子自腕端轻轻提起被剪下的体壁，同时以解剖刀割断体壁下面与内部相连的组织。重复上述步骤，再去除1～2个腕的反口面体壁。然后，以同样的方法小心去除中央盘反口面的体壁，只保留筛板及肛门附近一小块体壁，去除时注意勿伤及下面的内脏。将反口面中央盘体壁去除干净后，即可进行观察。

2. 内部结构观察

消化系统：在反口面中央肛门处可看到2～3个小而分支的腺体即为直肠盲囊（rectal caeca）；如在解剖时掀去肛门附近的体壁时用力过猛，则容易把它一并掀去。直肠本身极短往往不易区别，在直肠盲囊下面即为一膜质柔软的幽门胃（pyloric stomach）。由幽门胃向每个腕分出一个分支，分支进入腕后立刻分为两支，即为幽门盲囊（pyloric caeca），它是由腺细胞及储藏细胞组成，故有肝脏的作用。在幽门胃下面，即为一膨大的贲门胃（cardiac stomach），几乎占据了整个的体腔。此贲门胃经一极短的食道（一般不易区分出来）与口面的口相连；在取食时，此贲门胃往往可以由口翻出体外，然后连同食物一起缩回体腔内。

水管系统：主要由反口面的筛板开始，筛板是外界水流进入体内的门户。在筛板下面紧连着一个细小坚硬的石管（stone canal），它是围有石灰质环壁的管。由石管连到口面的环水管（ring canal），在环水管的间步带区，各有一对小球形的腺体——蒂德曼体（Tiedemann's body，曾称贴氏体），它可能是制造变形细胞的地方。如果找不到环水管，可以先找到蒂德曼体，在其下面的环即为环水管。由环水管向每个腕伸出一条辐水管（radial canal），沿口面步带沟直伸至腕的末端，并沿途向两侧各伸出一些分支；这些分支通过步带板间的小孔伸向外面即形成管足，末端有吸盘，并向内扩大为罍（ampulla），二者都能收缩。管足因为交错排列，故在外观上看来好像有4列。

血系统：由一系列管道组成，但一般解剖时不易看清，只有与石管伴行的轴器（axialorgan）可以看到。

生殖系统：是位于反口面间步带区的5对生殖腺。每对生殖腺直接向外开口，但开口小，外表不易见。生殖季节时，生殖腺特别发达，可一直延伸到腕的末端；若在非生殖季节则很小。海星为雌雄异体，在外形上不能区分。

神经系统：海星的神经系统只有外神经系统最发达，因为它紧贴在外胚层的下面。在口面口的周围除去管足即可看到围口神经环，在步带沟的底壁上可看到辐神经；如看不清，可将步带沟的管足去除一部分即可。

（三）棘皮动物门的多样性

1. 海胆纲（Echinoidea）

紫海胆（*Anthocidaris crassispina*），身体呈半球形，口面向下，较平坦，反口面向上隆起，体表包有坚硬的胆壳，胆壳实际由五个腕向反口面愈合而成。在胆壳外附有能活动的棘刺以及成行排列的管足。

2. 蛇尾纲（Ophiuroidea）

真蛇尾（*Ophiura* sp.），形似海星，但中央盘较小，腕细长，且分界明显，口面无步带沟，管足也退化为触手状。

3. 海参纲（Holothuroidea）

海参（*Halodeima* sp.），身体趋于两侧对称，口面与反口面相距较远，管足只在腹面发达。口位于前端，口旁的管足发展成触手，骨骼退化成小骨片，不易见到。

4. 海百合纲（Crinoidea）

海羊齿（*Antedon* sp.），中央盘成杯状，是由背板愈合而成，口面向上，反口面向下，腕由基部分支，看起来好像有10条腕，每腕再分支呈羽毛状，多数固着生活。

动物的繁殖与早期胚胎发育

　　繁殖后代，保证物种的延续是动物最基本的生理机能之一。动物的生殖有两种基本方式：无性生殖和有性生殖。无性生殖包括裂殖生殖、出芽生殖、再生等方式，大多数无脊椎动物都有无性生殖方式。有性生殖是由2个单倍体配子（性细胞）融合为1个合子，再发育成新的一代。有性生殖受精卵的基因来自不同的个体，因此增加了子代的遗传变异，使子代表现出更多的遗传类型，更有利于在变化的环境中繁衍。

一　实验目的

　　掌握动物生殖细胞的形态特征与类型。了解细胞的主要增殖方式——有丝分裂的过程。观察文昌鱼和蛙的胚胎发育切（装）片，了解动物早期胚胎发育的基本模式。

二　实验材料与用品

　　（1）动物生殖细胞装片；

　　（2）动物细胞有丝分裂装片；

　　（3）文昌鱼胚胎发育系列装片、蛙胚胎发育系列装片；

　　（4）显微镜。

三　实验内容

（一）动物的生殖细胞

1. 精子（spermatozoon）（图12-1）

观察大熊猫精液涂片，结晶紫（crystal violet）染色。精子体小而数量极多，以鞭毛游动。活跃运动的精子形状像蝌蚪，由头部、颈部和尾部组成。头部扁圆，大部分是浓缩的细胞核，前端是高尔基体分化成的顶体，内有水解酶性质的颗粒，与精子穿过卵膜有关；尾部为一细长的鞭毛。

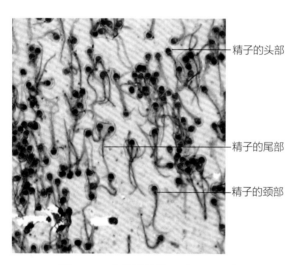

——精子的头部

——精子的尾部

——精子的颈部

图12-1　大熊猫的精子（10×40）

2. 卵细胞（ovum）（图12-2）

卵细胞比精子大得多，一般不能活动，除具有一般细胞结构外，还有供受精卵发育的磷脂、中性脂肪、蛋白质的卵黄等营养物质。

观察狗卵巢切片，H-E染色。卵巢分为皮质和髓质两部分，髓质只占一小部分，为疏松结缔组织；皮质较厚，由较致密的结缔组织构成基质，其中可见不同发育阶段的卵泡。卵泡由位于中央的卵母细胞和围绕在周围的卵泡细胞组成。不同发育阶段的卵泡，其形态特征各异。

- 原始卵泡：数量多，由中央一个较大的初级卵母细胞和周围一层扁平的卵泡细胞组成，初级卵母细胞核（nucleus）大而圆，染色质细小分散，核仁大而明显。

- 初级卵泡：由中央一个初级卵母细胞和周围一层立方形的卵泡细胞或多层卵泡细胞组成。

- 次级卵泡：初级卵母细胞体积增大，卵泡细胞增多为复层，在卵泡细胞之间出现大小不等、数量不定的卵泡腔。

- 成熟卵泡：突出卵巢表面，含有一个很大的卵泡腔，颗粒层相应变薄。可能有的卵母细胞正在完成第一次成熟分裂。

- 黄体：由成熟卵泡排卵后所剩的颗粒层和卵泡膜内层发育形成，有丰富的血管、内分泌腺细胞团。

- 闭锁卵泡：即退化卵泡，在卵泡发育的各个阶段都可发生。散在基质内，数量多，大小不等，退化程度不同。

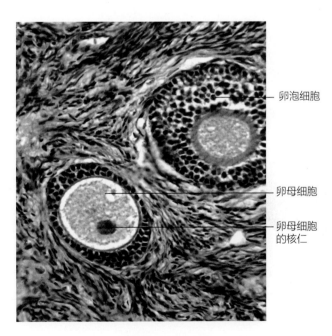

图12-2　狗卵巢（10×40）

（二）动物细胞的有丝分裂（图12-3，图12-4）

观察马蛔虫卵细胞的有丝分裂。用低倍镜可以看到，蛔虫子宫壁是由特殊结构的上皮组成。上皮细胞形状不规则，具有圆形细胞核，像烧瓶状向子宫腔内突出，上皮细胞固着于结缔组织基膜上，膜下有平滑肌纤维。子宫腔内充满正在发育的各种卵细胞。根据在光镜下可见的有丝分裂各期的主要形态结构特点，挑选典型位置进行观察。

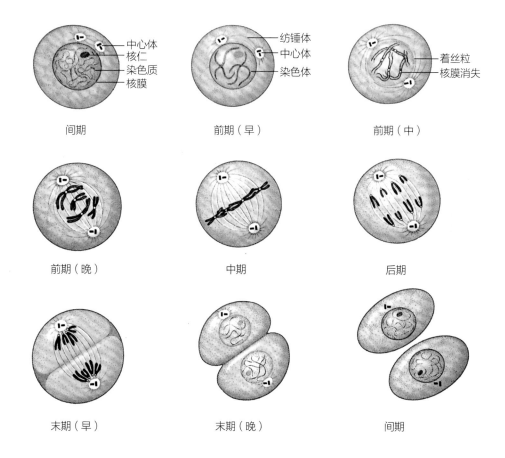

图12-3　动物细胞有丝分裂模式图

（修改自Hickman et al.，2013）

1. 间期（interphase）

细胞核呈网状结构，核仁明显。

2. 前期（prophase）

核膜及核仁消失，染色质变成粗大的染色体。

3. 中期（metaphase）

染色体分布在纺锤体的赤道板上。细胞的两极各有一个中心粒，并由它发射出星丝。在两极之间有纺锤丝形成的纺锤体。

4. 后期（anaphase）

染色体向细胞两端移动，在晚期，细胞中部出现缢痕。

5. 末期（telophase）

核膜重新组成，分别包围两组子染色体，染色体解螺旋，失去整齐的轮廓，染色质分散于核中，核仁重新出现，新细胞核形成。细胞质同时分为两部分，形成两个新细胞。

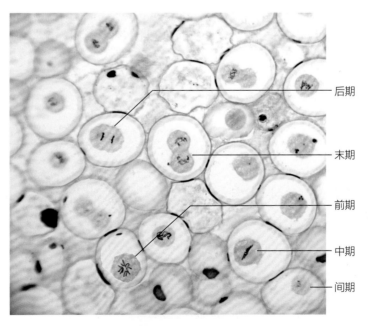

后期

末期

前期

中期

间期

图12-4　动物细胞的有丝分裂（10×40）

（三）动物的早期胚胎发育

1. 文昌鱼的胚胎发育

（1）卵裂

观察示例切片，片中有各期的卵裂。先看受精卵。卵呈球形，有极体的一端为动物极，另一端为植物极。（片中不易找到极体，可能方向不合适或者已经脱落，参看示例片）。文昌鱼卵含卵黄颗粒较少，而且是均匀地分布在卵质中，所以卵裂是完全分裂和接近均等类型。分裂沟的方向：第一、二次为纵裂，第三次横裂，第四次纵裂，第五次再横裂（图12-5中1~4）。

（2）囊胚期

后期的卵裂不像以前那样规则，分裂球调动到表面组成一个单层的空心球，称为囊胚，中空的地方是囊胚腔，内含囊胚腔胶质。在囊胚的切面上看见一部分的细胞比另一部分的稍大，含大细胞的部分是植物极，将来发育成为内胚层。含较小细胞的是动物极，将来发育成为外胚层，二者之间是未来的中胚层（图12-5中5）。

（3）原肠胚

在原肠胚开始形成的时期，囊胚的植物极部分的轮廓由弧形变为平坦，在早期的切片上可见平坦的一端细胞较大。原肠期向前进展即是此处向内凹陷，结果就形成含有两层细胞的原肠胚，凹陷处即是胚孔，即原口。此时囊胚腔被挤压而缩小，凹陷后所成的新腔为原肠腔（图12-5中6~8）。

（4）神经胚（图12-5中9~10）

① 神经板的形成：胚胎背面沿中线的外胚层细胞加厚下陷形成神经板。

② 神经管的形成：下陷到表皮内的神经板两侧向背面卷起并靠拢，除前端形成神经孔外，其他部分逐渐愈合于背中线，形成背面有缝隙的神经管，管中央为神经管腔。

③ 脊索的形成：原肠背面中央出现一条纵行隆起，即脊索中胚层，以后与原肠分离而形成脊索。

④ 中胚层的发生：在形成脊索的同时，原肠靠背面两侧出现一系列彼此相连接的按体节分布的肠体腔囊，后与原肠分离。肠体腔囊壁就是新发生的中胚

层，中间的空腔为体腔。这种中胚层形成方式只在文昌鱼前部发生，其后部及其他脊椎动物的中胚层是从一条独立的细胞带发生。观察此时期的切片，注意脊索两侧之体节呈泡囊状。观察神经管、原肠管、体节、脊索和体腔。

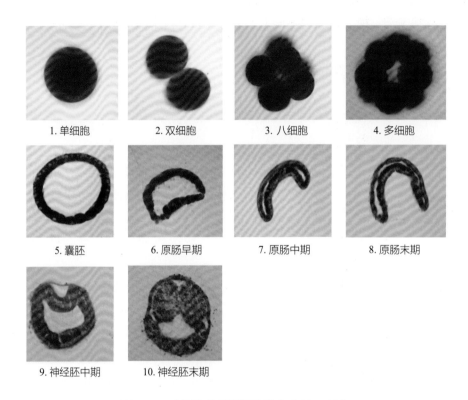

1. 单细胞	2. 双细胞	3. 八细胞	4. 多细胞
5. 囊胚	6. 原肠早期	7. 原肠中期	8. 原肠末期
9. 神经胚中期	10. 神经胚末期		

图12-5　文昌鱼的早期胚胎发育（10×40）

（1~4图为压片，其他为切片）

2. 蛙的早期胚胎发育

（1）卵裂

①受精卵：呈球形，较大，直径约为1.8mm，卵黄集聚于卵的一端，色白。对侧的一端含多量色素，颜色黑，此处原生质多，卵黄少，细胞核的位置在这里。由于卵的两端颜色差别显著，所以极化现象也明显，卵黄聚集的一端为植物极，其对侧为动物极。两极过渡的地方颜色渐趋调和，常称之为赤道区。卵外包

有卵黄膜和三层胶膜。卵受精后，卵周围产生卵周隙，卵黄膜改造为受精膜。受精卵可在受精膜内活动，由于卵黄较重，植物极总是向下，动物极向上。

② 2细胞期：纵裂，裂缝由动物极开始向植物极延伸（图12-6中1）。

③ 4细胞期：纵裂，但与第一次成90°，垂直相切。

④ 8细胞期：横裂，裂沟稍偏于赤道的上方，因而动物极的四个分裂球略小于植物极。

⑤ 16、32……细胞期：经过多次分裂，细胞数量增加，在32细胞期以后，分裂的速度产生差异。由于植物极细胞含卵黄多，在有丝分裂过程中的速度比动物极含卵黄少的细胞慢，因此动物极的细胞小而多，越向植物极的细胞体积越大，而数量减少。这种卵裂的类型属于完全及不均等分裂。

（2）囊胚期（图12-6中2）

在初期囊胚的表面高低不平，分裂球的轮廓清楚可见。到达晚期表面平坦光滑，骤看好像是未分裂的受精卵，实质上是细胞既多又小，排列紧密，以致无法看到它们的界线。囊胚腔的位置偏于动物极。囊胚壁是多层细胞组成的。

（3）原肠胚形成（图12-6中3~5）

① 原肠胚早期（背唇期）：在晚期囊胚的赤道下面近卵黄处首先出现一个横的新月形沟，这是原肠胚形成的开始。这里的细胞向内陷入，因而表面呈现沟形。沟的上缘细胞下垂呈唇形，同时此处又是将来的胚孔，所以称之为胚孔背唇。

② 原肠胚中期（侧唇期）：新月形沟继续内陷并且延及两侧，称此两侧的细胞为胚孔侧唇。此时新月形沟变成马蹄形沟。

③ 原肠胚末期（腹唇期）：侧唇继续下延，在腹中线相遇成为胚孔腹唇。腹唇形成后，与侧唇及背唇连成一圈，中间的空间即是胚孔。由于蛙卵的卵黄多，塞在胚孔处，所以胚孔不明显。各唇从周围向中央包围，于是卵黄被包愈来愈小，最后呈一小白点，名为卵黄栓。

④ 原条期：胚孔缩小到一定程度就要封闭。封闭的方式是侧唇相互接近，终于愈合成为一个纵长的小条，名原条。原条的颜色黑，易于鉴别。本期是原肠胚形成的终了、神经胚的开始。

（4）神经胚（图12-6中6～8）

发育步骤参考文昌鱼。

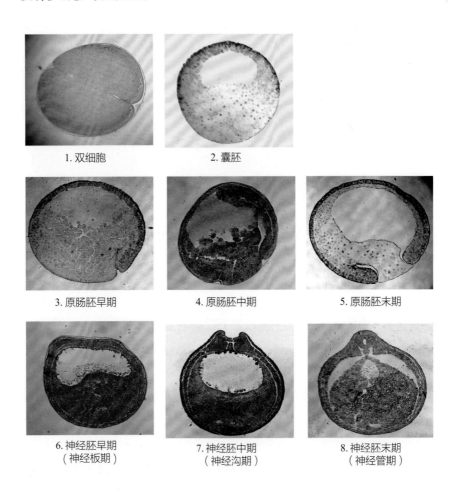

1. 双细胞　　　　　　　2. 囊胚

3. 原肠胚早期　　　　4. 原肠胚中期　　　　5. 原肠胚末期

6. 神经胚早期　　　　7. 神经胚中期　　　　8. 神经胚末期
（神经板期）　　　　　（神经沟期）　　　　　（神经管期）

图12-6　蛙的早期胚胎发育（10×10）

（1图为压片，其他为切片）

头索动物亚门、尾索动物亚门和脊椎动物亚门圆口纲

脊索动物门（Chordata）是动物界中最为进化的一个门类，现存约41 000种，分为头索动物亚门（Cephalochordata）、尾索动物亚门（Urochordata）和脊椎动物亚门（Vertebrata）。其最基本的结构特征是具有脊索（notochord）。脊索是位于消化道和神经管之间的一条棒状结构，具有支撑作用；所有脊索动物的胚胎期均具脊索，随后有的终生保留，有的退化，或为脊椎所替代。此外，中空的背神经管和鳃裂也是脊索动物的特有结构。

一　实验目的

观察头索动物文昌鱼（*Branchiostoma belcheri*）的形态与切片，了解头索动物的基本形态与生理特征，重点了解其结构中原始性与进步性的特征。了解尾索动物亚门和脊椎动物亚门圆口纲代表动物的主要特征。观察和识别尾索动物亚门、脊椎动物亚门圆口纲常见物种，了解其多样性和适应性特征。

二　实验材料与用品

（1）文昌鱼浸制标本；

（2）文昌鱼整体制片、文昌鱼的过咽横切片；

（3）海鞘幼体压片、成体标本；

（4）圆口纲动物浸制标本；

（5）显微镜、解剖镜等。

三　实验内容

（一）头索动物亚门

头索动物的脊索纵贯身体全长，并且延伸到身体最前端，故名。头索动物的结构简单，脊索动物的三大基本特征（脊索、背神经管和鳃裂）在其身上以原始的形式终生保留，因此被认为是典型的脊索动物。现存约30种，分布于热带和亚热带的浅海。

1. 文昌鱼的外部形态观察

借助解剖镜观察文昌鱼的浸制标本。文昌鱼体长4~5cm，半透明，两头尖，左右侧扁，形似小鱼，无头和躯干之分。试分辨其前后背腹。身体前端腹面有一大孔，周围以薄膜围成，为口笠，其内腔称为前庭；口笠边缘生有触须，有感觉功能。身体背部正中有一纵行褶皱，为背鳍，在尾部边缘加宽成为尾鳍，尾鳍在腹面向前延伸至体后1/3处为臀鳍。身体腹面两侧各有一条由皮肤下垂形成的成对纵褶，为腹褶。两条腹褶在后方汇合，其与臀鳍交界处有一孔，为腹孔或围鳃腔孔。腹孔后方，尾鳍与臀鳍交界处偏左侧有一孔为肛门。透过半透明的身体可见到呈<型排列，顶角朝前的肌节，两相邻肌节间有薄的白色结缔组织，为肌隔。身体两侧肌节下端各有一排浅色方形小块，为生殖腺，共约26对。用肉眼难以分辨浸制标本的精巢和卵巢。新鲜标本中精巢乳白色，卵巢淡黄色。

在低倍镜下观察文昌鱼整体制片（图13-1，图13-2），首先分辨前后背腹。在背鳍内有长方形结构的鳍条，起支持作用。鳍条下方为背神经管。沿神经管排列的黑色小点为脑眼，有感光作用；神经管前端有一色素点。神经管下方为脊索，较神经管宽，两端稍尖，纵贯全身，并突出于神经管之前。脊索腹面为消化道，其前端的口器由口笠、触须、轮器、缘膜、缘膜触手等结构组成。在口笠内的前庭背面有一个狭长的深色部位为哈氏腺所在的哈氏窝，与脊椎动物脑下垂体同源。

口的后方为咽，长度几乎为体长的一半。咽壁由许多背腹斜行的鳃棒组成，两鳃棒之间的空隙为鳃裂。鳃裂开口在围鳃腔内，围鳃腔以腹孔与外界相通。咽后为肠，是一条未分化的直管。肠管前端腹面向右前方伸出一肝盲囊（相当于肝脏），显微镜下可见到咽后部右侧的一个深色指状结构，即肝盲囊。肠管后端渐细，有一段染色很深的部分，为回结环，该处肠管内有纤毛，混有黏液和消化液的食物团在此处被剧烈搅拌成螺旋状环，使消化液与食物彻底混匀，更好地进行消化。肠管最后以肛门开口于身体左侧。

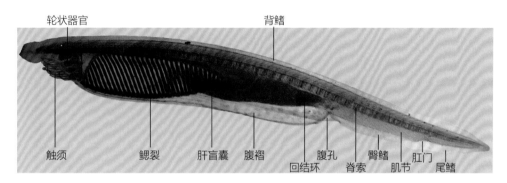

图13-1　文昌鱼整装片

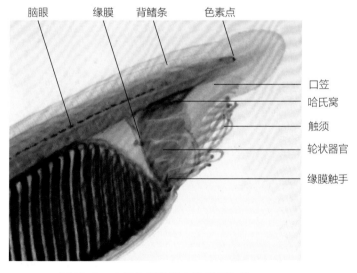

图13-2　文昌鱼整装片身体前部细节

2. 文昌鱼咽部横切面切片观察

在显微镜下观察文昌鱼过咽横切片，可以看到以下部分（图13-3）。

● 皮肤：由表皮和真皮组成，体表的表皮由单层柱状细胞构成，真皮为表皮下方一薄层胶冻状结缔组织。

● 背鳍：背中央突起部分，内有鳍条。

● 肌节：位于身体两侧，横断面圆形，肌节之间有肌隔，肌节的横切面由背向腹逐渐变小。

● 背神经管：位于背鳍条下方及背部肌节之间，中央具管腔。常见有裂隙从管腔伸向神经管背中线，这是神经管背面尚未愈合的现象。

● 脊索：位于神经管正下方，横切面卵圆形，较神经管粗大，脊索周围有结缔组织形成的较厚的脊索鞘。

● 腹褶：为腹部成对的皮肤突起，内有淋巴窦。

● 围鳃腔：为一大空腔，占腹部的一半，是由腹褶在腹面中央愈合，将外界空间包进形成一个管状腔，并逐渐扩展，从腹面和两侧包围咽部而形成。

● 体腔：由于围鳃腔的扩展而被挤到咽背面两侧，形成一对纵行的狭管。

● 咽：位于围鳃腔中央，呈长圆形，由鳃棒围成，因鳃棒斜向排列，在横切面上则可见到多个横断的鳃棒。鳃棒分初级鳃棒和次级鳃棒两类，初级鳃棒外侧带有残留的体腔，两者相间分布。咽背中线有一深沟，为咽上沟；腹中线也有一条同样的沟，为内柱，是由腺细胞和纤毛细胞组成，有聚集碘元素的功能，是甲状腺的前驱。

● 肝盲囊：位于咽的右侧，为一卵圆形而中空的结构，内壁是高柱状细胞。

● 生殖腺（图13-4）：位于围鳃腔外侧面，并向腔内突出，着色较深，若其中细胞大且具有大而深染的细胞核，则为卵巢，组成精巢的细胞呈蓝色条纹状。

思考：成熟的生殖细胞如何排出体外？

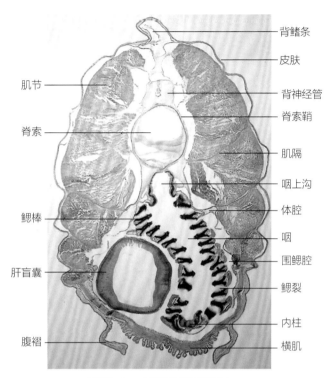

图13-3　文昌鱼过咽横切片

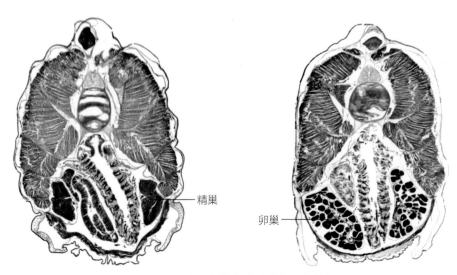

图13-4　文昌鱼的生殖腺（左雄右雌）

（二）尾索动物亚门（Urochordata）

柄海鞘（*Styela clava*）：幼体自由生活，成体营固着生活，其间经过逆行变态。

1. 成体观察

观察海鞘成体浸制标本，其身体像一个椭圆形囊袋，棕褐色。外被一坚韧的囊袋，由一种近似植物纤维素的被囊素构成。固着的一端为基部，呈长柄状。顶端有两个孔，位置较高的为入水管孔，稍侧面的为出水管孔，水由入水管孔进入体内，由出水管孔排出。常见于我国各地沿海，在岩石、贝壳、船底等处营固着生活。

2. 幼体观察（图13-5）

● 海鞘幼体压片观察：幼体营自由游泳生活，外形似蝌蚪，尾部侧扁。仅在半透明的尾部可见一支持结构，形成尾部的中轴，即为脊索。至成体，尾部脊索消失。

● 海鞘幼体模型观察：注意背神经管（成体中已退化成一个神经节）、脊索（仅在尾部）、鳃裂、围鳃腔等结构。身体前端有附着突起。幼体期很短，之后就附着在物体上开始变态。

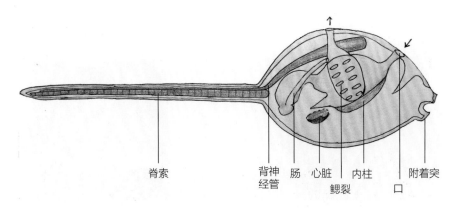

脊索　　　背神经管　肠　心脏　内柱　　附着突
　　　　　　　　　　　　鳃裂　　口

图13-5　海鞘幼体内部结构模式图（箭头示水流方向）

（三）脊椎动物亚门圆口纲（Cyclostomata）

圆口纲动物开始出现明显的头部，但还没有出现上、下颌，故又称无颌类；没有成对的附肢，没有真正的牙齿，只有表皮形成的角质齿，终生保留脊索，开始有雏形的脊椎骨，这些特征都表明，圆口纲还是很原始的脊椎动物。本纲现存约50种，栖息于海水或淡水中，营寄生或半寄生生活。

东北七鳃鳗（*Lampetra morii*），身体呈圆筒形，长约30cm，分为头、躯干和尾3个部分。身体前端腹面有一个圆形的口漏斗，可以吸附在其他鱼的身体上，口漏斗内有角质齿，头两侧有眼，头顶两眼之间有一个鼻孔，两眼的后方各有7个圆形的鳃裂。身体只有奇鳍，包括两个背鳍和一个尾鳍，尾鳍侧扁，在外形和内部骨骼上都是对称的，称为原型尾。分布于松花江和黑龙江，营半寄生生活，以口吸盘吸附在鱼体上，吸食其血肉。

适应水生生活的鱼类：软骨鱼纲

鱼类是适应水生生活的较为原始的脊椎动物，它开始出现了能活动的上、下颌，使其能够主动地追捕咬牢食物，增加了动物获取食物的机会；成对附肢的出现大大加强了鱼类的运动能力，也为陆生脊椎动物四肢的出现提供了先决条件；鱼类的脊柱完全替代了脊索，成为身体的主要支持结构；脑和感觉器官进一步发达。鱼类还具有许多适应水生生活的特化结构，如身体多为流线型，体表被鳞，以鳃为呼吸器官，血液循环为单循环。鱼类分成两个独立的类群：软骨鱼纲（Chondrichthyes）和硬骨鱼纲（Osteichthyes），两者在结构方面有较大的差异。

■ 实验目的

通过对鲨鱼的外形观察和内部解剖，了解软骨鱼基本的结构和生理特征，重点了解其对水生生活的适应性。

二 实验材料与用品

（1）斜齿鲨（*Scoliodon* sp.）固定标本；
（2）解剖器等。

三 实验内容

（一）外部形态（图14-1）

鲨鱼的身体呈纺锤形，腹部平坦，分为头、躯干和尾三部分，分别以最后一个鳃裂和泄殖腔孔为界；体侧有白色侧线沿身体纵行。若用手由前向后抚摸体表，则有较为光滑的感觉，而由后向前摸则会有粗糙的感觉，这是体表覆盖有向后伸出的细小楯鳞的缘故。

鲨鱼口的位置不在吻端而在腹面，横裂，上、下颌边缘有齿。在口的前方有一对外鼻孔，鼻腔为盲囊，不与口腔相通。眼具有上、下眼睑及瞬膜（位于眼睑的内缘）（图14-2），两眼的后方各有5对外鳃裂，试用探针探入可知其与咽相通。

鲨鱼有发达的鳍，奇鳍包括背鳍、尾鳍和臀鳍，偶鳍包括胸鳍和腹鳍。尾鳍的上、下叶不等，有中轴骨骼通过的上叶较大，下叶较小，这种类型的尾鳍称为歪形尾。偶鳍呈水平位展开；将腹鳍向两侧拉开，可见其间有一泄殖腔孔，为排泄、生殖和消化道的共同开口。雄鲨腹鳍的内侧变成一对向后延伸的交配器官，称鳍脚，在每一个交配器的内侧各有一条深沟。交配时，雄鱼的精液沿此沟进入雌鱼体内，进行体内受精。

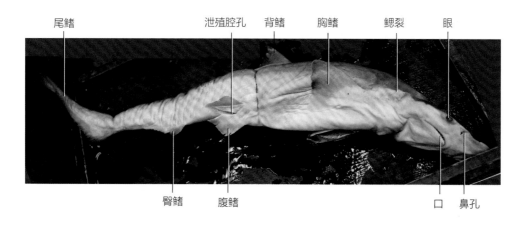

图14-1　鲨鱼的外形

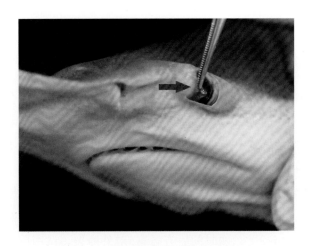

图14-2　鲨鱼的瞬膜（红色箭头所示）

（二）内部解剖

　　将鲨鱼背鳍剪掉，腹部朝上，置于盘中，用剪刀从泄殖腔孔沿腹中线偏左向前剪至胸鳍，在胸鳍的后面横向剪开两侧体壁，然后在泄殖腔孔稍前面横向剪开两侧体壁，向两侧翻开体壁以露出胸腹腔。

1. 消化系统（图14-3）

视频：斜齿鲨
肠道展开

　　口腔由上、下颌包围，上、下颌边缘着生尖利的牙齿，口腔向后是咽部，有5对鳃裂通体外。咽后连接短的食道，其后接胃，胃呈"J"形，前端膨大部分为贲门部，后部变细弯向右方为幽门部，幽门部与十二指肠相连接。十二指肠之后为螺旋瓣肠，肠内有螺旋瓣，斜齿鲨的螺旋瓣肠呈卷筒状，从而增加消化和吸收的面积。螺旋瓣肠后端为直肠，开口于泄殖腔的腹面。可将消化道剪断取出，纵剖各其他部分消化道，洗净，观察内部结构。（视频：斜齿鲨肠道展开）

　　鲨鱼有发达的肝脏，位于胸腹腔的前部，分两叶，胆囊埋于肝脏靠前部，需用镊子轻轻剥离肝脏组织才能看清楚，胆囊有胆管通入十二指肠。胰脏位于胃和十二指肠的肠系膜上，有胰管通十二指肠。在胃的转角处下方有脾脏（脾脏属于淋巴系统）。

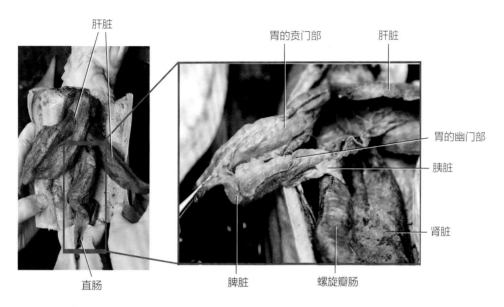

肝脏　　　　　胃的贲门部　　　　肝脏

胃的幽门部

胰脏

肾脏

直肠　　　　脾脏　　螺旋瓣肠

图14-3　鲨鱼的消化系统

2. 呼吸系统（图14-4）

用剪刀剪下一个鳃，用水冲洗后，放在盘内观察。一个鳃是由对称的两面组成，每一面即称为一个半鳃，上面有稠密的皱褶，称为鳃丝，在鳃丝上有丰富的血管分布。两个半鳃之间为鳃间隔，鲨的鳃间隔一直伸到身体表面。在鳃的基部有软骨质的鳃弧支持，由鳃弧发出软骨质的鳃条，伸入鳃间隔中。

鳃弧　　鳃丝

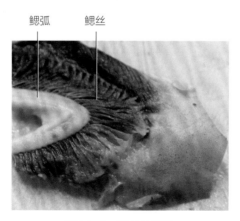

图14-4　鲨鱼的鳃片

3. 循环系统（图14-5）

鲨鱼的心脏是一心房一心室。剥开围心腔膜，将心脏轻轻提起，在后部有一个三角形的囊，即为静脉窦。静脉窦前面与心房相连，心房再与心室相连；心室肌肉壁厚，其前面连接动脉圆锥，动脉圆锥壁厚，有收缩性，可认为是心室延伸的一部分。动脉圆锥穿过围心腔即为腹大动脉。

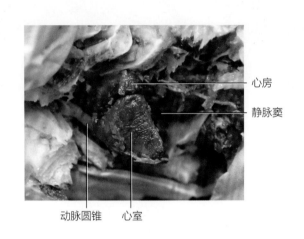

心房

静脉窦

动脉圆锥　心室

图14-5　鲨鱼的心脏

4. 泄殖系统

鲨鱼有一对长形的肾脏（图14-6），位于胸腹腔背面，紧贴体壁。肾脏内侧面有一对输尿管，沿肾脏向后延伸，开口于泄殖腔。在直肠的背侧有直肠腺，是鲨鱼肾外排盐的结构。

雌性生殖系统（图14-6）包括一对卵巢和一对输卵管，输卵管不与卵巢直接相连，两侧输卵管以一共同的喇叭口开口在胸腹腔内，输卵管后部稍宽大部分称子宫，左右两输卵管末端会合，开口于泄殖腔。雄性具一对白色呈柱状的精巢，在精巢前端以很多细小的输出精管与肾脏的前部相连，借用中肾管（输精管）来输精。

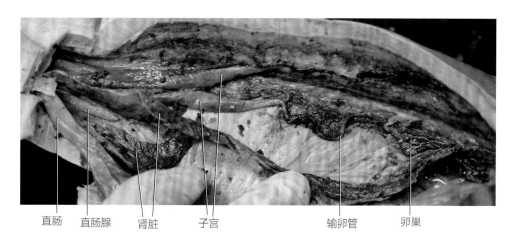

直肠　　直肠腺　　肾脏　　子宫　　　　　　输卵管　　卵巢

图14-6　鲨鱼的泄殖系统（雌性）

5.神经系统（图14-7）

切去颅骨的顶部，小心地剥除软骨，暴露出脑的背面。在脑的前部可以看到一对突出呈球状的大脑，由大脑两侧发出一对呈三角形的嗅叶，嗅叶前面紧接着嗅囊。大脑的后面连着一对大的圆形视叶（中脑）。间脑的位置靠下，与大脑和中脑不在一个平面上，常被中脑的前部遮盖。小脑位于中脑的后方，单个，呈椭圆形，表面有纵沟和横沟。延脑位于小脑的后方，呈三角形，后面连脊髓。

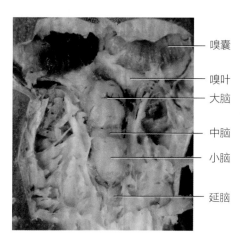

嗅囊

嗅叶

大脑

中脑

小脑

延脑

图14-7　鲨鱼的脑（背面观）

6.骨骼系统

软骨鱼终生保留软骨状态，脊柱分化为躯椎和尾椎。观察鲨鱼尾部纵切标本（图14-8），尾椎椎体呈圆形，椎体前后两边均凹陷，称双凹型椎体。在椎体正中有一小孔为残余的脊索通过处，椎体上面有神经弧，向背面伸出，包围脊髓，有血管弧向腹面伸出包围尾动脉与尾静脉。

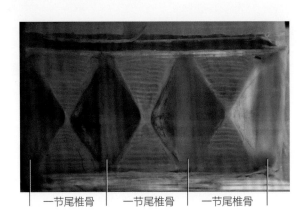

一节尾椎骨　一节尾椎骨　一节尾椎骨

图14-8　鲨鱼尾椎矢状切面

（三）软骨鱼纲分类

软骨鱼内骨骼全由软骨组成，终生保留，无硬骨，鳃间隔发达，鳃裂大多直接开口于体表；体表被楯鳞或退化，口腹位并横裂，尾鳍歪尾型，雄性具交接器（鳍脚），无鳔。卵生、卵胎生或假胎生。分为两个亚纲：

1.板鳃亚纲（Elasmobranchii）

口大，腹位并横裂，又称横口类（Plagiostomi）。体被楯鳞，鳃裂开口于体表，无鳃盖。绝大多数生活在海洋中，少数能在淡水中生活。此亚纲分为鲨总目和鳐总目。

①鲨总目（Selachoidei）：体大多呈纺锤形，鳃裂侧位，胸鳍正常，不与吻的前缘愈合。代表动物如白斑星鲨（*Mustelus manazo*）等。

②鳐总目（Batoidei）：体呈盘状（胸鳍与头及躯干愈合呈盘状），背腹扁平，鳃裂腹位，游泳主要靠胸鳍。代表动物如孔鳐（*Raja porosa*）等。

2. 全头亚纲（Holocephali）

头大，侧扁，鳃裂4对，外被一皮膜状鳃盖，仅1对鳃孔通体外，上颌与颅脑愈合在一起。尾细，无泄殖腔，泄殖孔与肛门分别开口于体外。代表动物如银鲛（*Chimaera phantasma*）。

实验15　适应水生生活的鱼类：硬骨鱼纲

一　实验目的

通过对鲤鱼（*Cyprinus carpio*）的外形观察和内部解剖，了解硬骨鱼类的基本结构和生理特征，与软骨鱼相比较，分析两者适应水生生活的不同策略。

二　实验材料与用品

（1）鲤鱼标本；

（2）鲤鱼的骨骼标本、不同食性鱼类鳃耙和咽喉齿的示例标本；

（3）显微镜、体视镜、解剖器、解剖盘、载玻片等。

三　实验内容

（一）鲤鱼的形态观察

1. 外部形态（图15–1）

鲤鱼体呈纺锤形，略微侧扁。头的最前端为口，口两侧有两对口须，口的上方有一对鼻孔。头两侧有一对眼，无眼睑，无瞬膜。眼后是宽扁的鳃盖，鳃即位于其内。背鳍一个，其最前端有一硬刺。尾鳍背、腹两叶相等，为正形尾。臀鳍的前端也有一硬刺。腹鳍已向前移位于胸鳍之后，注意：偶鳍不是向水平展开而是向垂直面展开。肛门开口于臀鳍的基部，泄殖孔紧接其后。

　　鲤鱼体表光滑，其体表被一层上皮组织，并由其分泌大量黏液，游泳时可减少阻力。表皮之下覆盖一层鳞片，为圆鳞，鳞片以覆瓦状排列。躯干两侧有侧线，从鳃盖后缘延伸至尾部，侧线管位于皮肤下，借穿过鳞片的侧线孔与外界相通，被侧线孔穿过的鳞片称为侧线鳞。用镊子夹住鳞片从身体上取下，放于载玻片上，在体视镜下观察，比较普通鳞片和侧线鳞的结构差异（图15-2）。鱼鳞的排列方式因种而异，成为分类的标准之一，鳞式用来表示鳞片的排列方式，表示为：

$$\text{侧线鳞数}\ \frac{\text{侧线上鳞数}}{\text{侧线下鳞数}}$$

侧线鳞数指从鳃盖后缘延伸至尾部的一条侧线上侧线鳞的片数；侧线上鳞数指从背鳍起点斜列到侧线鳞的鳞片数；侧线下鳞数指从臀鳍起点斜列到侧线鳞的鳞片数。

图15-1　鲤鱼的外部形态

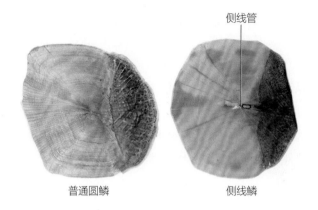

侧线管

普通圆鳞　　　　　　　　侧线鳞

图15-2　鲤鱼普通鳞片与侧线鳞

2. 内脏器官

　　用一只手握住鲤鱼的背部，另一手用手术剪由肛门稍前方沿腹中线向前剪至胸鳍，将鲤鱼右侧朝上放在解剖盘上，再从肛门稍前方（以保护肛门和泄殖孔）向背方剪至脊柱，沿脊柱向前剪至鳃盖后缘，然后剪去该侧的体壁，使内脏全部暴露。剪时注意将剪尖朝上以免伤及内脏，遇到硬骨时需使用骨剪。

（1）消化系统

　　消化系统包括口腔、咽、食道、肠等（图15-3）。

　　口腔由上、下颌包围，上、下颌均无齿，口腔背壁由厚的肌肉组成，口腔底部有不能活动的三角形舌。口腔向后是咽部，左右两侧是鳃裂。第五对鳃弧称咽骨，其上无鳃丝，而生有咽喉齿，鲤鱼的咽喉齿有3列，齿式为1.1.3/3.1.1（由两侧向中间数）（图15-4）。咽后有短的食道，鲤鱼无明显的胃（杂食或草食性的鱼的胃肠分化不明显，肉食性的鱼有胃的分化），食道之后为肠管，被散漫状的肝胰脏包裹覆盖。肝胰脏是消化腺，呈暗红色，分布在肠各部之间的肠系膜上。肉眼分不出肝脏和胰脏，但在组织结构上两者是分开的。胆囊大部分也埋在肝胰脏内，为一暗绿色的椭圆形囊，有胆管通入肠前部。用镊子小心地去除肝胰脏，将肠管拉直，鲤鱼肠约为体长的2~3倍（其长度也与食性有关）。小肠与大肠分界不清，肠的前2/3大致为小肠，大肠较细，最后为直肠，以肛门开口于体外。

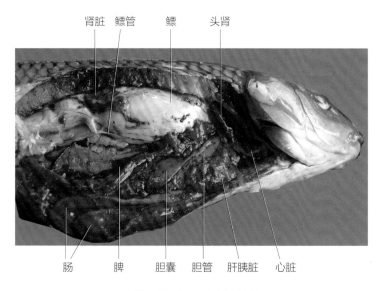

肾脏　鳔管　鳔　头肾

肠　脾　胆囊　胆管　肝胰脏　心脏

图15-3　鲤鱼的内脏器官

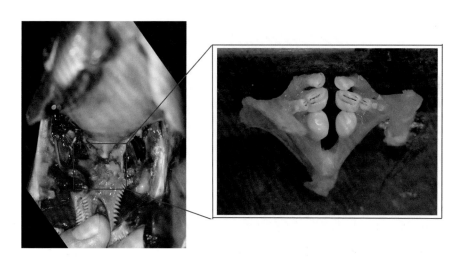

图15-4　鲤鱼的咽喉齿

（2）鳔和脾脏（图15-3）

鳔位于胸腹腔背面，分前、后两室。由后室前端发出一条鳔管通入食道背面。思考，鳔有什么功能？脾脏位于肠管与鳔之间，为一细长红色的器官。

（3）呼吸系统（图15-5）

有四对鳃作为呼吸器官（第五对鳃弧特化）。每一鳃弧外缘具两列鳃片，每一列鳃片称半鳃，两个半鳃合称全鳃。鳃间隔退化，鳃丝直接着生在鳃弧上。每一鳃弧的内侧凹缘有两行齿状鳃耙向鳃的两侧伸出，使食物不致由鳃孔漏出。鳃耙的长短疏密与鱼的食性有关。鳃腔有鳃盖掩盖，鳃盖后缘的薄膜称鳃盖膜，可使鳃盖关闭紧密。

观察不同食性鱼类的鳃耙和咽喉齿的示例，包括肉食性青鱼、杂食性鲤鱼、草食性草鱼和浮游生物食性的鲢鱼。思考：鳃耙和咽喉齿的形态对食性的适应。

鳃耙

鳃丝

图15-5　鲤鱼的鳃

（4）泄殖系统

肾脏1对，呈深红色长条形，紧贴于胸腹腔背壁，在鳔的前、后室之间处肾脏扩大。每一肾的最前端也扩大称头肾，是一种淋巴腺体。两肾各有一输尿管，沿胸腹腔背壁向后走行，将近末端处汇合通入膀胱，最后开口于肛门后方的泄殖孔（图15-3，图15-6）。

雌鱼有一对卵巢（图15-7A），呈长柱形，位于胸腹腔的侧面，卵巢末端以短的输卵管开口于泄殖孔。输卵管与卵巢直接相连，这一点与其他各纲皆不相同。卵巢内含有大量卵子，这与硬骨鱼体外受精有关。雄鱼有一对精巢（图15-7B），呈长形分叶状，也位于胸腹腔的侧面，色白，俗称鱼白，末端以输精管

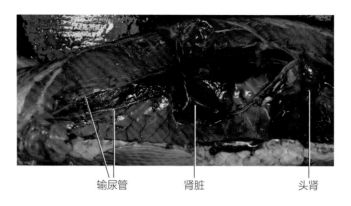

输尿管　　　　　　肾脏　　　　　　　头肾

图15-6　鲤鱼的排泄系统

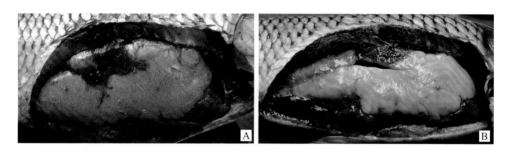

图15-7　鲤鱼的卵巢（A）和精巢（B）

向外开口。

（5）循环系统

心脏（图15-8）位于身体的腹面两胸鳍之间，包被于围心腔内。在围心腔的中央有心室，心室前端有白色动脉球，连接腹大动脉。心室后面有一心房，壁较薄。静脉窦连接在心房后端。血液循环为单循环。

（6）神经系统（图15-9）

用骨剪小心掀掉头部背侧靠后的骨片，露出颅腔，稍加冲洗即可看到脑的背面。脑分为大脑、间脑、中脑、小脑和延脑，在背面均可见到。大脑较小，其前方有嗅柄和嗅叶。由于被中脑遮挡，间脑只能看到脑上腺（松果体）。中脑有一对视叶，被小脑瓣挤向两侧。小脑发达，向后延伸盖在第四脑室上。延脑前面有面

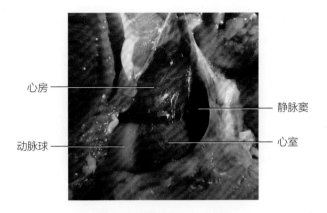

图15-8　鲤鱼的心脏（左侧观）

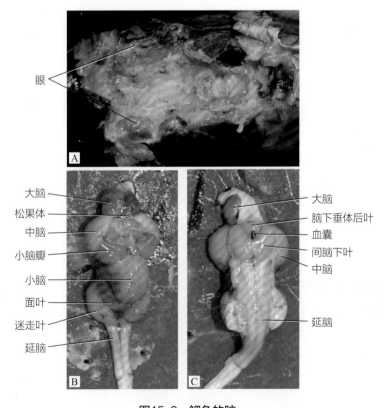

图15-9　鲤鱼的脑

A.脑在身体中的位置；B.背面观；C.腹面观

叶，两侧与小脑相接的部分有一对迷走叶，后方连接脊髓。将脑取出，从腹面观，可看到间脑前面有视神经交叉，后面两下叶之间为脑下垂体，垂体末端为血管囊。

（7）骨骼系统

硬骨鱼的骨骼大部分为硬骨（图15-10）。

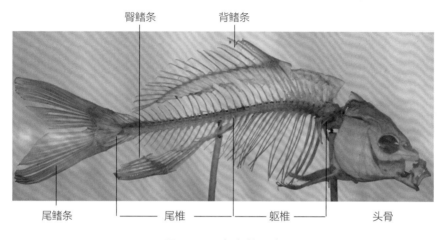

图15-10　鲤鱼的骨骼

① 脊柱：分躯干和尾两部分。躯干椎具椎体和椎弓，连接肋骨。尾椎不连肋骨，但具脉弓。前三个躯干椎的一部分变化为韦氏小骨，有传导声波辅助听觉的功能。双凹型椎体，椎体之间的凹陷处有残余的脊索。

② 带骨和偶鳍骨：肩带组成复杂，并与头骨相连接以保护心脏，胸鳍中有退化的辐鳍骨和真皮鳍条（图15-11）。腰带游离，由一对无名骨构成，下接腹鳍的辐鳍骨与真皮鳍条。

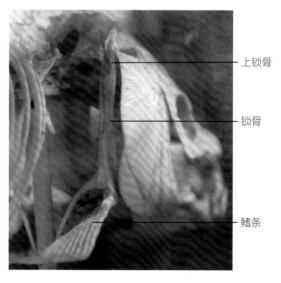

图15-11　鲤鱼的肩带

（二）硬骨鱼纲分类

硬骨鱼内骨骼大部分为硬骨，体被硬鳞、圆鳞或栉鳞，有时无鳞。鳃间隔退化，鳃丝直接长在鳃弧上，鳃裂4对，一般不直接开口于体外，有骨质鳃盖保护。一般有鳔。无交接器，大部分体外受精，卵生，少数为卵胎生。尾鳍大多为正形尾。分为3个亚纲：

（1）总鳍鱼亚纲（Crossopterygii）

大多为化石种类，仅存矛尾鱼（拉蒂迈鱼）。有鳃，同时具有呼吸功能的鳔。偶鳍基部有发达的肌肉，外覆有鳞片。卵胎生。

（2）肺鱼亚纲（Diploi）

该亚纲古老而形态特殊，具内鼻孔，鳔有呼吸功能，双裂式偶鳍，板状的牙齿。代表动物如非洲肺鱼（*Protopterus annectens*）等。

（3）辐鳍亚纲（Actinopterygii）

该亚纲鱼占现代鱼类的90%以上，分布广泛，有多种生态类型。体形各异，其主要特征：体被硬鳞、圆鳞或栉鳞。没有内鼻孔。各鳍由真皮性辐射鳍条支持。大多数骨化程度高。肛门与泄殖孔分开，没有泄殖腔。分为3个总目：

① 硬鳞总目（Chondrostei），大部分为软骨，体被硬鳞，腹鳍腹位，尾鳍原尾型或歪尾型。心脏具动脉圆锥，肠内有螺旋瓣。代表动物如中华鲟（*Acipenser sinessis*）等。

② 全骨总目（Holostei），硬骨较发达，具硬鳞或圆鳞，鳃间隔退化，肠内螺旋瓣和动脉圆锥也已退化。代表动物，雀鳝（*Lepidosteus osseus*）。

③ 真骨总目（Teleostei），骨化程度高。鳞片为圆鳞或栉鳞。鳃间隔消失。心脏不具动脉圆锥，而有动脉球。肠内无螺旋瓣。正尾型。绝大部分常见鱼类属于这一总目。

• 鲤形目（Cypriniformes）：体被圆鳞，头骨骨化程度高，鳔有鳔管与食道相通，肩带有中乌喙骨，卵生。主要生活在淡水。代表动物：鲤鱼（*Cyprinus carpio*）、草鱼（*Ctenopharyngodon idellus*）、鲢鱼（*Hypophthalmichthys molitrix*）、青鱼（*Mylopharyngodon piceus*）。

• 海龙目（Syngnathiformes）：吻延长成管状，口前位，鳍条不分支，鳃很退化，鳃孔小，鳔无鳔管，主要生活在热带和亚热带近海水域。代表动物：海马（*Hippocampus japonicus*）。

- 合鳃目（Symbranchiformes）：体形似鳗，鳃裂移至头的腹部，左右两鳃裂连在一起成一横缝，鳃不发达。代表动物：黄鳝（*Monopterus albus*）。

- 鲈形目（Perciformes）：真骨鱼中种类最多的一目。多为栉鳞，2个背鳍，分离或连在一起，腹鳍胸位或喉位。鳔无鳔管。代表动物：大黄鱼（*Pseudosciaena crocea*）、带鱼（*Trichiurus haumela*）。

- 鲽形目（Pleuronectiformes）：体形扁平不对称，成鱼的眼全移到一侧，以身体的另一侧栖伏于海底。成体无鳔。代表动物：半滑舌鳎（*Cynoglossus semilaevis*）。

- 鲀形目（Tetraodontiformes）：前上颌骨与上颌骨合成"喙"，牙齿大且呈板状，适于咬碎介壳。代表动物：河鲀（*Fugu* sp.）。

由水生向陆生转变的过渡动物：两栖纲

由水上陆是脊椎动物演化历程中一个巨大的飞跃，由于水陆环境的巨大差异，陆生脊椎动物的祖先几乎所有器官系统的形态结构都发生了深刻的演变。两栖动物处于从水生向陆生过渡的中间地位，已初步适应陆地生活，具有了一些典型的陆生脊椎动物的特征，例如，皮肤出现角质化、利用肺呼吸、五趾型附肢用于支撑身体和运动等，但许多特征演化得并不完善，无法完全摆脱水环境而生活，繁殖仍需在水中进行。

一 实验目的

通过对两栖纲（Amphibia）无尾目（Anura）蟾蜍（*Bufo bufo*）的解剖观察，了解两栖动物的基本形态结构和生理特征，重点掌握两栖动物由水生到陆生的过渡状态的结构特点，分析其对陆地生活的适应性和不完善之处；学习用于循环系统观察的血管注射颜料的技术；学习常用的蟾蜍处死技术以及坐骨神经-腓肠肌标本的制备方法，为后续的动物生理学实验做准备。

二 实验材料与用品

（1）活体蟾蜍；
（2）蟾蜍（蛙）皮肤切片、蟾蜍和蛙的骨骼标本、血管注射用广告颜料

（黄色、蓝色和红色）；

　　（3）显微镜、体视镜、解剖器、蜡盘、注射器、棉线、探针等。

三　实验内容

（一）蟾蜍的外部形态观察（图16-1）

　　蟾蜍身体分为头、躯干和四肢，脊柱虽有颈椎的分化，但外形上颈部不明显，成体无尾。

图16-1　蟾蜍的外形

　　• 头：呈三角形，口宽阔，吻端有外鼻孔1对；眼大而突出，具上、下眼睑，下眼睑的内侧有一层折叠的透明的瞬膜，可以上、下移动，遮盖眼球；眼的正后方有1对圆形鼓膜，无声囊；眼后方背侧有一对长条形隆起，为毒腺。

　　• 躯干：短而宽，在躯干后端两腿之间偏背侧有泄殖腔孔。

　　• 四肢：典型的五趾型四肢，前肢短小，依次分为上臂、前臂、腕、掌和指5个部分；后肢长大，适于跳跃，依次分为股、胫、跗、跖和趾5个部分。观察前、后指（趾）数，指（趾）端有无爪，指（趾）间是否具蹼。雄性在前肢拇指基部有黑褐色膨大加厚部分，生殖季节更明显，称为婚瘤（图16-2）。

　　• 皮肤：体表裸露无鳞，具很多疣粒，表皮轻微角质化；用手抚摸有黏滑感。观察蟾蜍（蛙）皮肤切片（示例），可看到皮肤由表皮和真皮组成，表皮层为复层扁平上皮，表面的1~2层细胞开始角质化，但角质化程度不深，细胞核还存在，这样的角质化表皮可在一定程度上防止体内水分蒸发；真皮层厚而致密，包括上层的疏松结缔组织和下层的致密结缔组织，显现出陆生脊椎动物的特征（图16-3）。

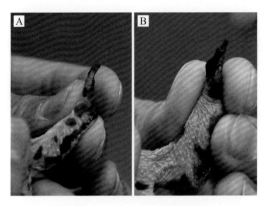

图16-2　蟾蜍的拇指基部

A:雌性；B:雄性

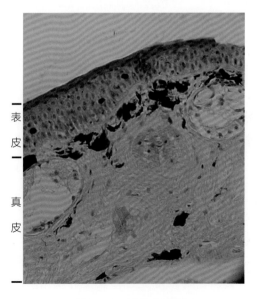

图16-3　蛙的皮肤切片

（二）双毁髓法处死蟾蜍

双毁髓法是常用的蟾蜍处死方法，尤其适用于生理学实验。具体操作过程（参见视频：蟾蜍的处死）：左手执蟾蜍，使其背部朝上，用食指与中指侧从背腹面夹住头部，中指与无名指夹住蟾蜍的前肢，拇指压住其背部；随后将食指移到吻部，用指端向下压头部，同时拇指稍向前方推压，使头骨与脊柱相接处突起，用手指在此突起处可摸到一凹陷，即为探针刺入部位，其位置大致在两毒腺中点连线与背正中线交点处；右手用探针由此处垂直刺入，不要太深，穿过皮肤即可，先将探针左右摆动以切断脑与脊髓的联系，再将探针向前穿过枕骨大孔插入脑腔左右搅动，破坏脑组织；然后将探针退回至枕骨大孔，向后插入脊椎管中，在向下插入的同时旋转探针以破坏脊髓，直至动物腹部和四肢肌肉完全松弛为止。

视频：蟾蜍的处死

注意：操作中不要针刺毒腺或用力挤压毒腺，以免毒液溅出，同时要注意眼睛不要离蟾蜍太近，以免毒液溅入眼内。若毒液不慎进入眼内，应立即用清水冲洗干净，并去附近医院就医。

（三）循环系统观察及血管注射

将蟾蜍腹面朝上放于蜡盘中，用镊子夹起皮肤，沿腹中线将皮肤剪开，将皮肤和肌肉剥离开，在下颌部和腿部横向剪开皮肤，皮肤与皮下的肌肉很容易剥离，这是因为皮肤与肌肉之间存在很多淋巴间隙的缘故；再用镊子夹起腹壁肌肉，用剪刀剪一小口，将剪刀伸入沿腹中线稍偏动物左侧剪开腹壁，剪时刀尖略向上以免伤及内脏和沿腹中线前行到达肝脏腹面的腹静脉；剪至胸骨剑突后，先沿胸骨左侧剪断乌喙骨和锁骨，再沿胸骨右侧剪断乌喙骨和锁骨，小心向上掀起胸骨，暴露胸腹腔。

1. 观察心脏

心脏由静脉窦、左心房、右心房、心室和动脉圆锥组成（图16-4），血液循环为不完全双循环。静脉窦位于心脏的背面，是一个薄壁三角形囊，色深；左、右心房壁较薄，呈粉色，房间隔完全；心室壁厚，肌肉质；动脉圆锥位于心脏的腹面，有收缩能力。

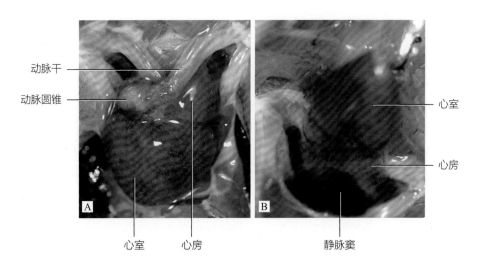

动脉干

动脉圆锥

心室

心房

心室　心房

静脉窦

图16-4　蟾蜍的心脏
A.腹面观；B.提起心室观察

2. 血管注射

视频：打结

血管系统需通过向血管内注射不同的颜料得以展现。小心地剪开围心腔上面的膜，然后进行血管注射。

（1）动脉注射

小心地分离开动脉圆锥和心房之间的系膜，穿入棉线，将动脉圆锥的基部结扎住（结扎方法见视频：打结），注意：要尽量靠近基部。在动脉圆锥前部穿线，预结一个绳结，注意不要扎死。注射器吸取2~4mL黄色颜料液，在动脉圆锥处由基部向前插入注射，待肠系膜的小动脉已充满了黄色液体时，就可以停止注射。在拔出针头之前，必须于针孔前将动脉干用细棉线扎住。

（2）静脉注射

在心室和心房之间穿入棉线，预结一个绳结，注射器吸取2~4mL蓝色颜料液，用镊子夹住心室端部，将注射器由心室端部向心房方向插入注射，待胃、肝稍显蓝色即可停止注射。在拔出针头之前，将心室和心房间扎住，以免注射液的溢出。

拨开腹部皮肤及肌肉，露出腹静脉，在准备插入的位置前、后各预结一个绳结，注射器吸取1mL红色颜料液，将针头向前插入注射，注射时针头需微微抬起，以便颜料液可以向后肢流动。待胃壁静脉已充满红色液，即可停止注射。再用棉线于针孔前、后将腹静脉扎起，以免颜料液流出。

3. 血管系统的观察

（1）动脉系统

动脉系统发源于动脉圆锥向前发出的一对粗大的动脉干，每一动脉干向前又分为3支，由内向外依次为：

① 颈总动脉：每一颈总动脉分为颈外动脉和颈内动脉2支。

② 体动脉：自动脉干分出左右2弓，前行不远就绕过食道的两旁，沿体壁后行，至肾脏前端，两弓汇合为背大动脉。

③ 肺皮动脉：又分为两支，一支较细，通至肺；另一支较粗，跨过肩部，穿入背面分布于皮肤上。

（2）静脉系统

静脉系统包括5支主要的静脉：

① 前腔静脉：身体前部的血液由颈外静脉、颈内静脉和锁骨下静脉汇入一对前腔静脉，再通入静脉窦，进入右心房。

② 后腔静脉：甚大，是一根正中静脉，由肝静脉、肾静脉和生殖静脉汇集而成。

③ 肺静脉：由肺回心的血液经一对肺静脉，再合而为一，通入左心房。

④ 肝门静脉：汇入肝门静脉的支流有：来自胃壁与胰脏的胃静脉，来自小肠与大肠的肠静脉，来自脾脏的脾静脉。肝门静脉走到腹静脉入肝前分歧点的地方，便与腹静脉汇合流入肝。

⑤ 腹静脉：由左、右后肢股静脉分出的骨盆静脉在腹中线部分合并为一条血管，沿腹壁中线前行，到肝脏时，分为2支通入肝的左、右叶中。

（四）内部结构

1. 消化系统

消化道包括口、口咽腔、食道、胃、小肠、大肠和泄殖腔；消化腺有独立的肝脏和胰脏（见图16-5，图16-6）。

将口打开并沿颌角剪开少许，将下颌向下翻，观察口咽腔。蟾蜍口腔内无牙齿。口腔底部有一肌肉质舌，舌根固着在口腔底部前端，舌向后折叠，捕食时向外翻出。口腔顶部前端有一对椭圆形小孔为内鼻孔，与外鼻孔相通。思考：内鼻孔的出现有何意义？口腔两侧靠近口角处有一对耳咽管孔，与中耳腔相通，思考：有何作用？口腔中央有两个向下的开口，腹侧开口由两个半月形勺状软骨围绕，呈突起状，中央纵裂向下通入喉头气管室，为喉门；背侧开口向下通入食道。

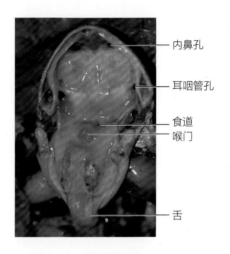

内鼻孔
耳咽管孔
食道
喉门
舌

图16-5　蟾蜍的口腔

食道很短，以贲门接胃。胃位于胸腹腔左侧，前端较宽，后端渐细，末端显著收缩的部位为幽门，后接十二指肠，向右前方延伸，当它再次折向后方时成为回肠，均属小肠。肠道在腹腔后端加宽为直肠，粗而短，通泄殖腔，泄殖腔以泄殖腔孔通体外。

肝脏位于胸腹腔前端，分左、右两叶，红褐色。胆囊绿色圆形，位于左、右肝叶之间，以胆总管通入十二指肠。胃与十二指肠之间的肠系膜上有一个不规则的呈条状的淡黄色腺体，为胰脏，分泌胰液借胆总管排入十二指肠。直肠前端的肠系膜上有一个深红色圆形小体为脾脏，属于淋巴器官。

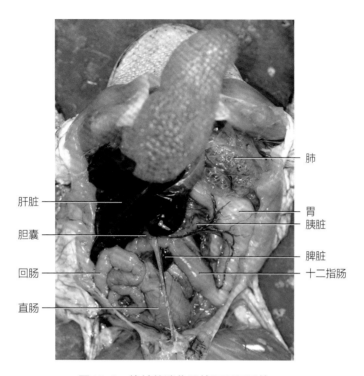

肺

肝脏

胃
胰脏

胆囊

脾脏

回肠

十二指肠

直肠

图16-6　蟾蜍的消化系统和呼吸系统

2. 呼吸系统

蟾蜍成体用肺呼吸，同时皮肤是重要的呼吸辅助器官。喉门以下为一短的喉头气管室，其后端通入肺；肺是一对薄壁的囊，内壁呈蜂窝状，布满丰富的毛细血管，肺在膨大与缩小时体积差别很大（图16-6）。

3. 泄殖系统

（1）排泄器官（图16-7）

肾脏一对，位于胸腹腔中后部脊柱两侧，呈长条形暗红色，其内侧缘呈分叶状；肾脏外侧缘附着一条薄壁的灰色细管，为输尿管（吴氏管），通入泄殖腔，雄性中输尿管兼输精；膀胱为一薄壁囊状器官，形状似呈两叶，由泄殖腔壁突出形成，属泄殖腔膀胱，充盈时明显，尿液排空后则呈薄膜状。肾脏腹面中央有一条黄色带状腺体，为肾上腺。

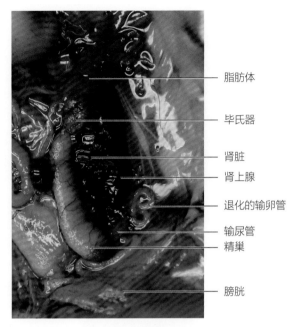

脂肪体

毕氏器

肾脏
肾上腺
退化的输卵管
输尿管
精巢

膀胱

图16-7　雄性蟾蜍的泄殖系统

（2）生殖器官

雌性（图16-8）有1对卵巢，呈不规则囊状，由卵巢系膜悬于背体壁上，未成熟时卵巢呈淡黄色，生殖季节卵巢极度膨大，充满黑色卵子。为便于观察可将大部分卵巢剪去。输卵管（牟氏管）是1对白色迂回盘旋的管道，位于体腔两

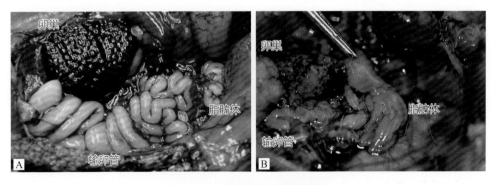

图16-8　雌性蟾蜍的生殖系统
A.成熟个体；B.未成熟个体

侧，前端以喇叭口开口于肺的基部，不与卵巢直接相连；输卵管向后逐渐膨大成子宫，末端开口于泄殖腔。卵巢前端附着黄色指状突起，为脂肪体，其大小随季节变化，生殖季节最小。

雄性（图16-7）有1对长圆柱形精巢，位于肾脏内侧，由睾丸系膜连于背侧体壁，淡黄色，有时呈黑色或有深色斑块，前端也有脂肪体。精巢发出许多输出精管进入肾脏前端，连接吴氏管（输尿管）以排出精子。雄性在体腔两侧保留退化的白色输卵管；在精巢与脂肪体之间有一粉红色扁平卵圆形小体，为毕氏器，可视为退化卵巢，在一定条件下可转化为有产卵功能的卵巢。

4. 神经系统

• 脊神经：将内脏器官全部取出，把胸腹腔背面薄腹膜撕去即可见白色脊神经（腹支），由椎间孔发出，由后向前顺序找出10对脊神经，并用镊子刺激之，观察相关肌肉的反应。第 X 对很细，由尾杆骨中部两侧小孔穿出；第 IX 对由第9椎骨与尾杆骨之间穿出，由此向前每一椎间孔穿出1对脊神经。第 VII、VIII、IX、X 对组成腰荐神经丛（包括坐骨神经），分布于后肢。第 IV、V、VI 对分布于体壁，第 II（较粗大）、III 对组成臂神经丛，分布于前肢，第 I 对分布于舌下。

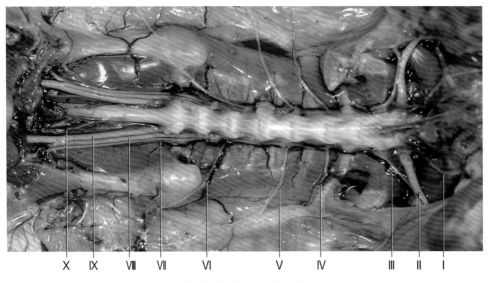

图16-9　蟾蜍的脊神经

5.腓肠肌观察及坐骨神经–腓肠肌标本的制备

围绕大腿根部皮肤作一切口，用手将皮肤一直拉至足尖以便观察小腿部肌肉。腓肠肌是小腿后面最大的一块肌肉，起点有大、小两个，大的起于股骨远端的屈曲面，小的起于胫腓骨近端；肌肉另一端形成一根坚韧的跟腱，经过跗骨关节止于足跖部腹面；功能是将小腿屈向大腿，并能伸足（图16-10）。

坐骨神经–腓肠肌标本是生理学中常用的实验材料。剪去躯体上半部分，沿脊椎正中将后肢标本一分为二，从脊椎开始分离坐骨神经至膝关节处；然后分离股骨，保留靠近膝关节端股骨1cm；分离腓肠肌，用棉线扎住肌腱处后提起，剪去膝关节以下其余部分，即得到坐骨神经–腓肠肌标本。

图16-10　蟾蜍的腓肠肌

6.骨骼系统

两栖动物的骨骼系统已具备典型的陆生特征。

① 脊柱（图16-11）： 分为颈椎（1节）、躯椎（7节）、荐椎（1节）和尾杆骨，蟾蜍躯椎的椎体均为前凹型，而蛙的第8节椎骨为双凹型；每个躯椎的椎弓上端有棘突，基部有前关节突和后关节突，分别与前、后椎体相关节，加强了脊柱的牢固性和灵活性。

② 肩带（图16-11和图16-12）：肩节脱离了和头骨的联系，使前肢的活动性得到加强，包括肩胛骨、乌喙骨和前乌喙骨（被锁骨包住）；乌喙骨内侧向前延伸出上乌喙骨，蟾蜍左右的上乌喙骨彼此重叠，称为弧胸型肩带，而蛙的上乌喙骨在腹正中线平行愈合，称固胸型肩带，这是两栖动物分类的重要依据之一。

③ 腰带（图16-11和图16-13）：由髂骨、坐骨和耻骨组成；髂骨细长，位于背面，与荐椎的粗大横突相接；坐骨在后端愈合，耻骨位于腹面；三骨在外侧面共同形成髋臼与股骨相关节。腰带将身体的重量转移到了后肢。

④ 四肢（图16-11）：两栖动物已具备陆生动物典型的五趾型四肢，前、后肢由三个部分组成，近心部由肱骨或股骨组成，中部由桡骨、尺骨或胫骨、腓骨组成，远端有腕、掌、指骨或跗、跖、趾骨组成。蟾蜍前肢的尺骨与桡骨愈合成桡尺骨，第一指骨退化；后肢的腓骨与胫骨愈合成胫腓骨。

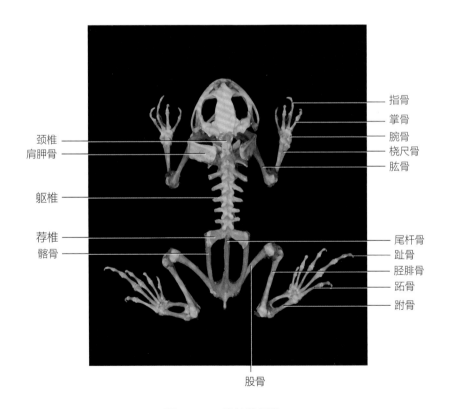

指骨
掌骨
腕骨
桡尺骨
肱骨
颈椎
肩胛骨
躯椎
荐椎
髂骨
尾杆骨
趾骨
胫腓骨
跖骨
跗骨
股骨

图16-11　蟾蜍的骨骼

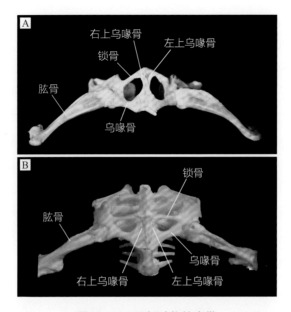

图16-12　两栖动物的肩带

A.蟾蜍的弧胸型肩带；B.蛙的固胸型肩带

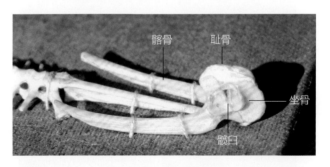

图16-13　蟾蜍的腰带

（五）两栖纲（Amphibia）分类

1. 无足目（Apoda）

无足目又称裸蛇目，为原始的，同时又是极端特化的一类。外形似蚯蚓或蛇，尾短或无尾，终生无四肢及带骨。皮肤裸露，有许多黏液腺。眼睛退化，实际上是盲目的。听觉退化，嗅觉发达。体内受精。脊椎骨数目多。本目只有一科：蚓螈科（Caecilidae）。终生无四肢。

版纳鱼螈（*Ichthyophis bannanicus*），唯一一种产于中国的蚓螈，已知分布于云南、广西和广东，并可能分布于老挝、缅甸和越南。

2. 有尾目（Urodela）

有尾目身体长形，多数具有四肢。尾很发达，且终生存在。皮肤裸露无鳞片，富于皮肤腺。脊椎骨的数目很多。椎体双凹或后凹，躯椎具有不发达的肋骨。腰带连接脊柱的部位尚不固定。幼时用鳃呼吸，成体用肺呼吸，也有些种类终生具鳃。一般为卵生，体外受精或体内受精。

大鲵（*Megalobatrachus davidianus*），是世界上现存最大的两栖动物，是我国珍贵的保护动物。体呈扁圆形，尾部侧扁，头大而扁阔，上、下颌均具细齿。皮肤光滑，富于腺体。前、后肢短小，前肢四指，后肢五趾，趾间有浅蹼。

东方蝾螈（*Cynops orientalis*），体躯较丰满，尾长且多侧扁，上、下颌均具齿。椎体为后凹型，前、后肢均发达，趾间无蹼。成体无鳃，以肺和皮肤呼吸为主。体内受精。

3. 无尾目（Anura）

无尾目为两栖类中最高级、种类最多且分布最广的一类。体形宽短。具有发达的四肢，后肢特别强大，适于跳跃。成体无尾。皮肤裸露，富于黏液腺。具有可活动的下眼睑及瞬膜。椎体前凹型、后凹型或参差型。一般不具肋骨。成体以肺呼吸，无外鳃或鳃裂。成体一般两栖生活，生殖时必须回到水中。体外受精，幼体到成体需经过变态。

大蟾蜍（*Bufo bufo gargarizans*），身体宽短粗壮，皮肤甚粗糙，全身密布大小不等的疣粒。行动迟缓笨拙，跳跃能力不如蛙类。

黑斑蛙（*Rana nigromaculata*），背部基色以黄绿色或深绿色为主，具有不规则的黑斑，眼后方有大而明显的圆形鼓膜。

真正陆生的变温、羊膜动物：爬行纲

与两栖类相比，爬行动物进一步适应陆地生活，并完全摆脱了对水环境的依赖，成为真正陆生动物。爬行动物的皮肤角质化程度加深，出现角质鳞或盾片，有效地防止体内水分蒸发；骨骼进一步发展以适应在陆地上爬行；肺呼吸完善；在胚胎发育上出现了羊膜卵，从而可以完成在陆地环境中的繁殖。

一　实验目的

通过对爬行纲（Reptilia）蜥蜴目（Lacertiformes）石龙子（*Eumeces chinensis*）的外形和解剖观察，了解爬行动物的基本形态结构和生理特征，重点了解爬行动物对陆地生活的适应性结构。

二　实验材料与用品

（1）石龙子浸制标本；
（2）解剖器、蜡盘等。

三 实验内容

（一）外部形态观察

石龙子身体形状与有尾两栖类很相似，可区分为头、颈、躯干、尾部和四肢（图17-1）。石龙子全身被角质鳞，以防止体内水分的蒸发，因此失去了皮肤呼吸作用，同时也缺乏皮肤腺。头部吻端圆凸，具外鼻孔1对；两眼分列于头部两侧，有瞬膜；头部后方两侧有外耳道，其深处有陷入的鼓膜。颈部较两栖类明显，并能自由转动。躯干部呈圆筒形，腹面末端有泄殖腔孔。尾长，由前向后逐渐变细，末端尖锐。四肢发达，前肢5指，后肢5趾，指趾端均有爪。

图17-1 石龙子的外形

（二）内部解剖与观察

用剪刀在石龙子泄殖腔孔稍前方体壁剪开一个小口，然后沿腹中线向前剪至下颌部，在此处向两侧横向剪开体壁，再在泄殖腔孔前方向两侧横向剪开体壁，这样就可以将体壁翻向两侧，暴露出内部器官（图17-2）。

1. 消化系统

消化道分为口、口腔、咽、食道、胃、小肠、大肠和泄殖腔。消化腺包括肝脏和胰脏。

石龙子上、下颌的边缘均着生有锥形细齿，属于同型齿，不具备咀嚼功能；

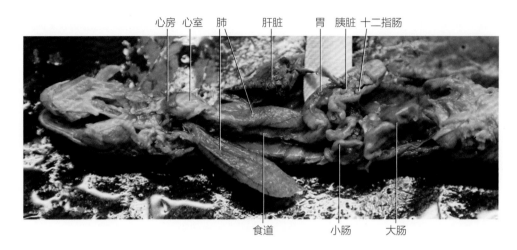

心房 心室 肺 肝脏 胃 胰脏 十二指肠

食道 小肠 大肠

图17-2 石龙子的内脏器官

口腔内有肌肉质舌，末端分叉；由于次生颚的发展，内鼻孔的位置已较蟾蜍明显后移。咽后为肌肉质的食道，较细，其后连接膨大的胃，胃沿身体左侧下行，末端狭细成幽门，其后连接十二指肠，十二指肠向前与胃并行，随后连接弯曲较细的小肠，小肠后面是粗大的大肠，两者交界明显，在小肠与大肠间左侧有一小的突起为盲肠，大肠直通泄殖腔。

肝脏大，呈锥形，覆盖于胃的前部。胰脏位于胃和十二指肠之间，是一长条形腺体。

2. 呼吸系统

用镊子拉出舌即可见到位于舌基部的喉门，其后连接气管，气管细长，有软骨环支撑；气管在心脏的背面分支成左、右支气管后通入肺；肺1对，内部有由蜂窝状小隔形成的复杂网状结构，以扩大与气体的接触面积。

3. 循环系统

心脏位于体腔前端，从外观上可以明显区分前部的心房与后部的心室；左、右心房从外观上可以区分；心室内部有不完整的隔膜，将心室分为不完全分隔的左、右心室。

4. 泄殖系统

（1）排泄器官（图17-3）：肾脏1对，位于体腔的后部，有输尿管（后肾管）通至泄殖腔。在大肠末端腹面有一薄壁的囊，为膀胱。

（2）雄性生殖器官（图17-3）：精巢1对，呈豆状，右前左后排列于体腔偏后部；紧贴精巢外缘为附睾，由一团盘绕的细管构成，其后连接盘曲的输精管通至泄殖腔。

（3）雌性生殖器官（图17-4）：卵巢1对，也是右前左后排列于体腔偏后部；卵巢外侧各有1条输卵管，前端以喇叭口开口于体腔，后端通入泄殖腔。

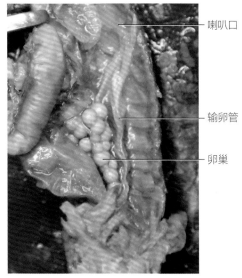

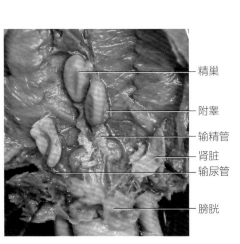

图17-3　石龙子的雄性泄殖系统　　　　图17-4　石龙子的雌性生殖器官

（三）爬行纲分类

全世界现存爬行动物6500余种，分为5个目。

1. 喙头目（Rhyneocephaliformes）

现存最古老的类群，仅存一属一种，即产于新西兰的喙头蜥（*Sphenodon punctatus*）。

2. 龟鳖目（Testudinata）

爬行动物中最为特化的一类。身体宽短，背腹具甲，由真皮衍生的骨质板形成，并与脊椎骨及肋骨愈合在一起，颈、四肢和尾均可一定程度缩进甲内；上、下颌均无齿，以颌边缘的角质鞘取食。分布于热带、亚热带，在陆地、淡水和海水中生活。代表动物如乌龟（*Chinemys reevesii*）、大海龟（*Chelonia mydas*）、鳖（*Trionyx sinensis*）等。

3. 蜥蜴目（Lacertiformes）

爬行动物中最为兴盛的一类。身体长形，体被角质鳞片，颈部明显，有较长而能活动的尾，一般具有发达的四肢，少数种类四肢退化，但仍保留肩带和胸骨。代表动物如大壁虎（*Gekko gecko*）、麻蜥（*Eremias argus*）、瑶山鳄蜥（*Shinisaurus crocodilurus*）等。

4. 蛇目（Serpentiformes）

爬行动物中十分特化的种类，体呈圆筒形，无四肢，无胸骨和肩带，适于以腹部贴地爬行；多数为卵生，少数为卵胎生。代表动物如眼镜蛇（*Naja naja atra*）、火赤链（*Dinodon rufozonatum*）、蟒蛇（*Python molurus*）等。

5. 鳄目（Crocodilia）

全身被覆角质鳞片，背部鳞片下有真皮骨板，尾侧扁；血液循环已接近完全的双循环；有完整的次生腭，具槽生齿；体内受精，卵生。这是爬行动物中结构最为进化的一类。代表动物如扬子鳄（*Alligator sinensis*）。

　　鸟类与爬行类拥有共同的祖先，两者有很多相同或相似的特征。相比于爬行动物，鸟类是向适应飞翔生活方向发展的一支，演化出了一系列的特化性特征，如流线形体型、体表被羽、前肢转变为翼、骨骼轻而愈合、与肺相连的气囊等。鸟类具有高而恒定的体温，高的代谢率，也为飞行生活提供了能量保障。鸟类约有10 000种，是第二大类脊椎动物，成功占据了地球上的很多地区，适应了很多不同的气候。

一　实验目的

　　通过对鸟纲（Aves）鸡形目（Galliformes）家鸡（*Gallus gallus domestica*）的解剖观察，了解鸟类的基本结构和生理特征，重点了解鸟类适应飞翔生活的特征。

二　实验材料与用品

　　（1）已处死和去羽的家鸡；

　　（2）鸡的骨骼标本；

　　（3）解剖器、蜡盘等。

三　实验内容

（一）家鸡的外部形态观察

身体分为头、颈、躯干、四肢和短尾。头前端为一长喙，由上、下颌延伸而成，覆以角质鞘，上喙基部有一裂缝状外鼻孔；眼大，有上、下眼睑及瞬膜，瞬膜在眼眶的前上角（图18-1）；耳位于眼的后下方，外耳道被羽所盖。颈部长易弯曲。躯干卵圆形。前肢特化为翼，后肢下端一部分覆以角质鳞。尾背面有尾脂腺，尾的下面有泄殖腔孔。

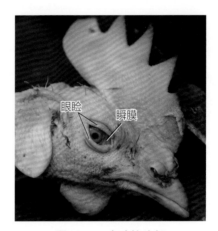

图18-1　家鸡的头部

（二）家鸡的内部解剖

1. 胸大肌和胸小肌

将家鸡标本腹面向上置于解剖盘中，用手术刀沿腹中线划开龙骨突处的皮肤，再沿龙骨突右侧将胸肌切开，分离并观察胸大肌和胸小肌。胸大肌极为发达，位于龙骨突两侧，起于胸骨体及龙骨突，以肌腱止于肱骨近端腹面；胸小肌在胸大肌的深层，较胸大肌窄而扁平，起于龙骨突和胸骨前端，以长腱穿过三骨孔（由锁骨、肩胛骨、乌喙骨三骨围成），止于肱骨背面（图18-2）。将胸大肌和胸小肌分别从起点处剥离，交替拉动，观察翼的运动方向，了解它们的作用。
思考：哪个肌肉的收缩会使两翼上升？

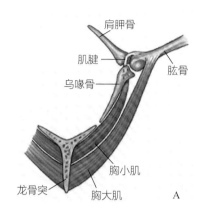
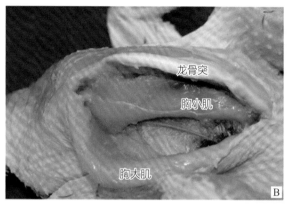

图18-2　鸟的胸肌

A. 胸部横切示意图（仿Hickman et al., 2013）；B. 胸肌解剖图

2. 呼吸系统

观察完胸肌后，从鸡的泄殖腔孔前缘向前沿腹中线剪开腹壁，用骨剪沿龙骨突右侧将胸骨、肋骨及肩带剪断，再用同样方法剪断左侧有关骨片，揭起并去掉胸骨，观察体腔。体腔前面可见一围心腔，腔的两侧各有一膜状隔向后侧方延伸，并与体壁相遇，此为斜隔，将体腔分为胸腔和腹腔。

呼吸系统由呼吸道和肺组成，鸟类特有的极发达的气囊与肺相连。剪开两侧嘴角打开口腔，内鼻孔位于口腔顶部纵行裂缝（称为颚缝）内，将舌拉出，可见舌后方有一裂孔状喉门，由此通入气管（图18-3）；气管位于颈部腹面皮肤下方，长圆柱形，由许多完整软骨环组成，气管分成左、右支气管连接肺。气管与支气管交界处有一腔为鸣管，鸣管内侧壁上有鸣膜；在交界处两侧各有一条细圆柱状肌肉向肋骨延伸，这些构成鸟类发声器官。肺脏紧贴胸腔背部，左、右各一个，红色海绵状。在腹壁和内脏之间有气囊，是肺部突出的薄壁囊（图18-4），在喉门或气管切口上插入吸管向其中吹气，可见气囊鼓起。（参见视频：家鸡的气囊）

视频：家鸡的气囊

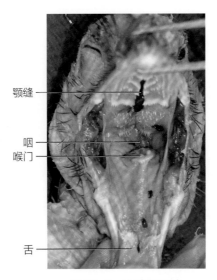

颚缝

咽
喉门

舌

图18-3　家鸡的口腔

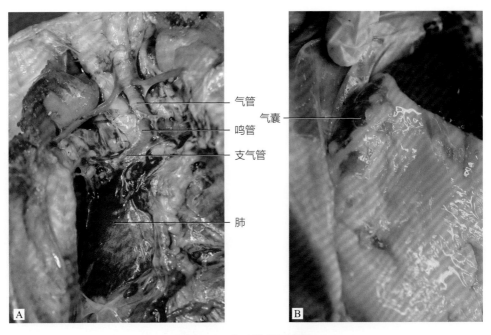

气管

鸣管

支气管

肺

气囊

A

B

图18-4　家鸡的呼吸系统

A. 气管及肺（移去心脏）；B. 腹腔内的气囊

3. 消化系统

家鸡的消化道分化为喙、口腔、咽、食道、嗉囊、腺胃、肌胃、小肠、大肠和泄殖腔（图18-5）。

口腔内无齿，口腔底部有能动的舌；咽后为食道，食道位于气管背面，在进入胸腔前，膨大形成嗉囊，可在胸骨前方的皮肤下方找到；嗉囊后仍为食道，其下部接腺胃和肌胃，腺胃纺锤形，可分泌大量消化液；肌胃大，有很厚的肌肉质壁，胃内壁有很厚的角质层，是进行机械消化的地方。小肠紧接肌胃，已分化为十二指肠、空肠、回肠，十二指肠从与肌胃相接处开始，在一段长度后便折返回来，使整个十二指肠成U字形；其后为细长的空肠和回肠，两者结构上没有明显

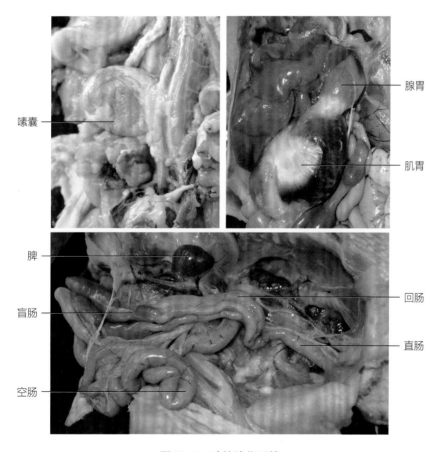

嗉囊

腺胃

肌胃

脾

盲肠

回肠

直肠

空肠

图18-5　鸡的消化系统

的区别，以回盲系膜最前端处为回肠与空肠的交界，回盲系膜将回肠和盲肠联系在一起。小肠后为大肠，大肠分为盲肠和直肠，盲肠1对，为大肠前端向外突出的盲管，其发出处为大、小肠的分界，发出后沿回肠前伸；直肠粗而短，末端膨大为泄殖腔，以泄殖腔孔通体外。泄殖腔背壁有一个发白的隆起，为鸟类特有的腔上囊，幼年明显，是中心淋巴器官。

　　腹腔前缘有两大叶肝脏，胆囊稍长，位于两叶肝脏之间；胰脏位于十二指肠U形弯曲中间的肠系膜上，色淡；从胆囊发出的两根胆管和从胰脏来的2~3根胰管开口在十二指肠末端（图18-6）。在腺胃与肌胃交界处背侧有一个红褐色卵圆形器官，为脾脏（图18-5）。

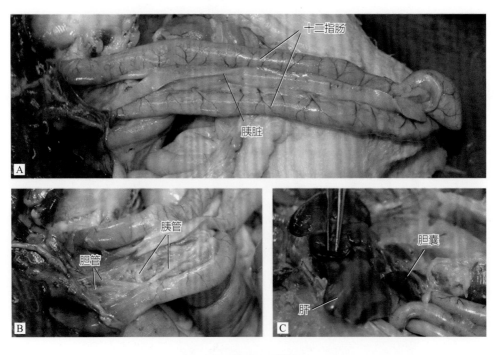

图18-6　鸡的主要消化腺

A. 示胰脏和十二指肠；B. 示胆管和胰管；C. 示肝脏和胆囊

4. 循环系统

剪开围心腔膜，可见围心腔前缘有一白色粗大血管自心脏发出并向右弯向背侧，此为右体动脉弓。鸟类心脏很大，心跳快，心脏由两厚壁的心室（位于心脏后部）和两薄壁的心房（位于心脏前部）组成。剪断和心脏相连的血管及围心腔膜，取出心脏，用手术刀从心室端部沿水平面切开心脏（注意：在心房处保留一点连接），观察心脏内部结构。鸟的房间隔和室间隔完全，左心房和左心室内完全是多氧血，右心房和右心室内完全是缺氧血；心房与心室间有瓣膜使血液只能由心房进入心室，而不能倒流，左房室孔处是二尖瓣，右房室孔处是一片肌肉瓣；左心室发出的主动脉口处和右心室发出的肺动脉口处均有三个口朝上的口袋状瓣膜，为半月瓣，其功能是使血液不能倒流回心脏（图18-7）。

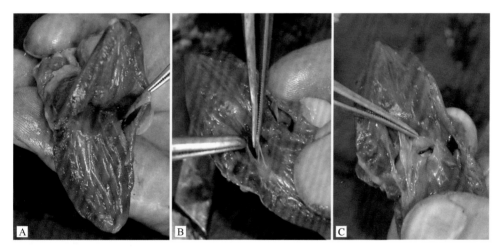

图18-7　鸡的心脏的水平切面
A.示肌肉瓣；B.示二尖瓣；C.示半月瓣

5. 泌殖系统

排泄器官包括成对的肾脏和输尿管（图18-8）。肾脏暗褐色，长扁形，分为前、中、后3叶，体积大，位于综荐骨腹面两侧的深窝内；肾脏前端靠脊柱侧有黄色的肾上腺；输尿管灰白色，由肾脏腹内侧发出向后行，开口在泄殖腔中部背壁上；无膀胱，排泄物主要为尿酸。

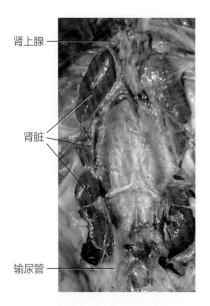

图18-8　鸡的排泄器官

　　雄性生殖器官具1对白色卵圆形精巢（睾丸），位于肾脏前方，生殖季节体积增大；输精管沿输尿管外侧向后延伸，多有弯曲，后端通入泄殖腔后外侧壁（图18-9）。

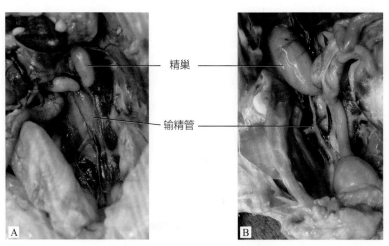

图18-9　鸡的雄性生殖器官

A. 未成熟个体；B. 成熟个体

雌性生殖器官仅包括左侧的卵巢和输卵管，右侧卵巢退化，右侧输卵管退化成一白色短管，连在泄殖腔右侧壁。左侧卵巢位于左肾前方，未成熟的卵巢小而形状不规则，成熟卵巢因卵细胞突出而呈葡萄串状。输卵管分为5部分，自前向后依次为输卵管伞、蛋白分泌部、峡部、子宫和阴道。输卵管伞为漏斗状，位于卵巢旁侧；蛋白分泌部最长，壁较厚，黏膜形成纵褶；峡部是蛋白分泌部和子宫之间较狭窄的部分；子宫是输卵管的扩大部分，常见到其中有具硬壳的卵；阴道是输卵管的终端，开口在泄殖腔左侧壁（图18-10）。

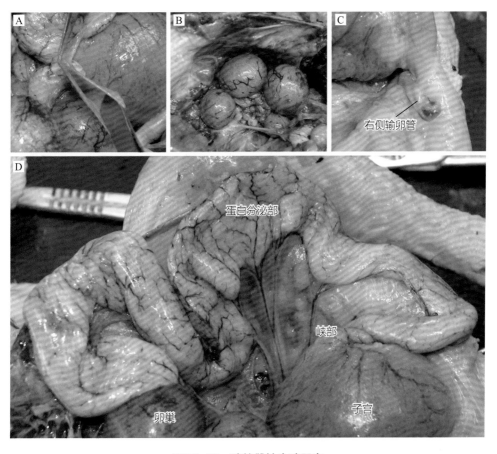

图18-10　鸡的雌性生殖器官
A.示输卵管伞；B.示卵巢；C.示右侧输卵管；D.示输卵管大部

6. 内分泌器官

　　沿颈部腹中线将皮肤剪开并向两侧拉开，在气管两侧的皮肤上可见排成索状的多个粉色扁圆形结构，并可伸向胸腔前部，此为胸腺（图18-11）。在年幼的个体中较为明显，年长个体退化。在左右颈总动脉发出处外侧稍前方可见一对深红色卵圆形腺体，为甲状腺（图18-12）。

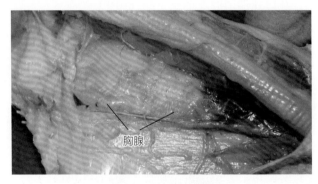

胸腺

图18-11　鸡的胸腺

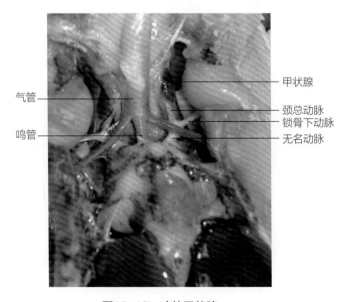

甲状腺

气管

颈总动脉
锁骨下动脉

鸣管

无名动脉

图18-12　鸡的甲状腺

7. 神经系统

观察鸟类脑的示例标本。鸟类的脑体积很大，整体观具有短宽而圆的特点。大脑很膨大，向后掩盖了间脑和中脑前部，表面光滑，由左、右两半球组成，嗅叶小；间脑被大脑半球所掩盖；中脑位于大脑半球的后下方，背侧形成一对发达的视叶；小脑体积大，特别发达，分化为三个部分，之间为蚓状体，表面看起来有许多横沟，两侧为小脑卷。

8. 骨骼系统（图18-13）

脊柱分为颈、胸、腰、荐、尾5区，因适应飞翔生活变异较大。颈椎14块，椎体马鞍形（图18-14），椎体水平切面为前凹型，矢状切面为后凹型，这种椎体类型为鸟类所特有，椎间关节活动性极大。胸椎7块，第二至第五胸椎各部分彼此愈合很紧，不能活动；每一胸椎各具1对肋骨伸至胸骨，鸟的肋骨均为硬骨，大部分肋骨后缘各具一个钩状突，向后伸出搭在后一条肋骨上，以增强胸廓的坚固性。鸟的胸骨非常发达，向后一直延伸到骨盆部，在胸骨腹面中央有一强大突起，称为龙骨突，可扩大胸肌的附着面（突胸鸟类具有）。最后一个胸椎、腰椎（6块）、荐椎（2块）及前部尾椎（约7块）愈合成一个整体与腰带相接，称为综荐骨。其后的尾椎约4块，愈合成一块尾综骨。

肩带包括肩胛骨、乌喙骨和锁骨。肩胛骨狭长，位于肋骨背面；乌喙骨粗壮，前端与肩胛骨形成肩臼，后端伸向腹面与胸骨连接；左、右锁骨后端愈合形成V字形，又名叉骨。前肢特化为翼，肱骨粗大，指端无爪。

腰带由髂骨、坐骨和耻骨组成，成体中它们彼此愈合并借髂骨与脊柱的综荐骨愈合形成大的骨盆。髂骨位于背面，外侧连接坐骨，耻骨细长，位于坐骨外侧腹缘。左、右耻骨在腹中线并不愈合，构成开放性骨盆，这与产大型卵有关。鸟类的后肢骨发生愈合和延长，由四段骨组成：股骨、胫跗骨、跗跖骨和趾骨，这种结构与起飞和降落时增加缓冲力量有关。雄性跗跖骨上有距。

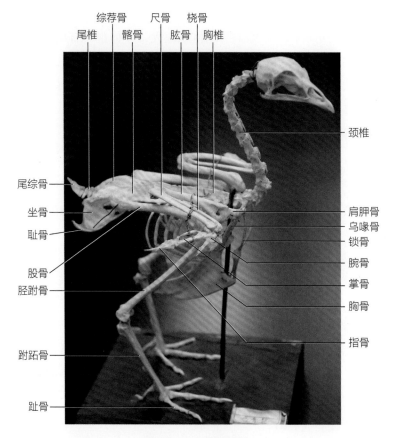

尾椎　综荐骨　尺骨　桡骨
　　　髂骨　肱骨　胸椎

颈椎

尾综骨
坐骨
耻骨

股骨
胫跗骨

跗跖骨

趾骨

肩胛骨
乌喙骨
锁骨
腕骨
掌骨
胸骨

指骨

图18-13　鸡的骨骼

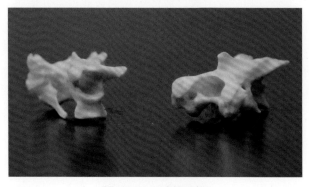

图18-14　鸡的颈椎

箭头所指为椎体部分，左侧为椎体的后关节面，右侧为椎体的前关节面

（三）鸟纲（Aves）分类

1. 平胸总目（Ratitae）

翼退化，无飞翔能力，胸骨扁平不具龙骨突，为走禽。代表动物如鸵鸟、几维等。

2. 企鹅总目（Impennes）

善游泳潜水，前肢变为鳍足，后肢短靠近躯体后方，趾间具蹼，不能飞翔。代表动物如企鹅。

3. 突胸总目（Carinatae）

突胸总目包括现代绝大部分鸟类。翼发达，善飞，胸骨具发达的龙骨突。

① 雀形目（Passeriformes）：鸟纲中最发达的一目，包括约5100种，占全部鸟类种数的60%。体型一般较小，外部形态极为多样，喙、翼变化甚大，腿较细短。三趾向前、一趾向后，后趾与中趾等长。鸣肌发达，大多善于鸣叫，有鸣禽之称。代表动物如家燕（*Hirundo rustica*）、灰喜鹊（*Cyanopica cyanus*）等。

② 鴷形目（Piciformes）：树栖攀禽。喙强直呈锥状，适于啄木，舌长能伸缩自如，舌尖具倒钩。脚短而强，足呈对趾型（第二、三趾向前，一、四趾向后），趾端具锐爪。尾呈楔形，尾羽的羽轴坚硬有弹性。代表动物如斑啄木（*Picus camus*）等。

③ 佛法僧目（Coraciiformes）：攀禽。喙长而强直或细而曲，腿短，趾三前一后，呈并趾型，善于攀木。代表动物如戴胜（*Upupa epops*）。

④ 雨燕目（Apodiformes）：小型燕雀类。喙短，基部宽阔，在飞翔中张口捕取飞虫。翼尖长，尾呈叉状。后肢短，四趾全朝前（称前趾型）。代表动物如北京雨燕（*Apus apus*）。

⑤ 鸮形目（Strigiformes）：夜行性猛禽。头大而阔，眼大而向前，眼周有辐射状排列的羽毛形成面盘。喙坚强而钩曲，嘴基具蜡膜。听觉十分敏锐，耳孔大，周围具有耳羽。脚强健有力，跗蹠部常全部被羽，第四趾能前后转动，爪锐利。体羽柔软。代表动物如长耳鸮（*Asio otus*）。

⑥ 鹃形目（Cuculiformes）：营树栖生活的攀禽。喙稍向下弯曲，具适于攀缘的对趾足（第二、三趾向前，第一、四趾向后）。代表动物如中杜鹃

（*Cuculus saturatus*）。

　　⑦ 鸽形目（Columbiformes）：包括树栖和陆地生活的鸟类。喙短，基部大都柔软，具蜡膜。翼发达，尾形短圆。腿短健，无蹼，后趾和前三趾在同一平面上，或缺后趾。代表动物如岩鸽（*Columba rupestris*）。

　　⑧ 鸥形目（Lariformes）：主要是海洋生活的鸟类。身体中等大小，喙形直，翼长而尖。尾短圆或呈叉状。足短，前三趾间具蹼，中趾最长，后趾形小而位高。代表动物如海鸥（*Larus fidibundus*）。

　　⑨ 鹤形目（Gruiformes）：除少数种类外，概为涉禽。具有三长（颈长，喙长，腿长）的特点，胫的下部裸出，蹼不发达，后趾，着生的位置较高，和其他三趾不在一个平面上。翼短圆，尾形短。代表动物如灰鹤（*Grus grus*）。

　　⑩ 鸡形目（Galliformes）：多为地栖性鸟类，体格结实，爪、足强健。喙短而坚，上喙微曲而稍长于下喙。翼短圆。雄鸟在跗跖部后面有发达的距，头顶有肉冠，羽色较雌鸟美丽。代表动物如环颈雉（*Phasianus colchicus*）。

　　⑪ 隼形目（Falconiformes）：肉食性猛禽。上喙尖锐钩曲，下喙较短，喙的基部被蜡膜，鼻孔开口于蜡膜上。翼发达，飞翔力强。脚强健有力，具锐利的钩爪。代表动物如红隼（*Falco tinnunculus*）。

　　⑫ 雁形目（Anseriformes）：包括大中型游禽。喙大都扁平，先端具加厚的嘴甲，喙缘有锯齿形缺刻。腿短，脚位于身体的后方，前三趾间有蹼，后趾形小而不着地。皮下脂肪层厚，尾脂腺发达。代表动物如绿头鸭（*Anas platyrhynchos*）。

　　⑬ 鹳形目（Ciconiiformes）：全为大中型涉禽。特征是：颈长，喙长，腿长，适于涉水取食。喙侧扁而直，眼先通常裸出。腿长而壮，胫的一部分裸出，趾长，基部有蹼相连，三趾向前，一趾向后，后趾与其他趾在一个平面上。代表动物如白鹭（*Egretta intermedia*）。

最高等的脊椎动物：哺乳纲

哺乳动物是脊椎动物中构造最为复杂和完善的一类，和鸟类一样，哺乳动物也可以保持恒定的体温，从而减少对环境的依赖性。在生殖方面，哺乳动物具有胎生和哺乳的特点，胚胎在发育过程中通过胎盘从母体获得营养物质和氧，并排出代谢废物，当发育完成后，幼仔才产出，随后幼仔依靠母体的乳汁获取营养。这就大大提高了幼仔的存活率。为了适应复杂的陆地环境，哺乳动物的许多结构呈现多样分化，其神经系统更是高度发达。

一　实验目的

通过对哺乳纲（Mammalia）啮齿目（Rodentia）小鼠（*Mus musculus*）的外形和解剖观察，了解哺乳动物的基本形态结构和生理特征，重点了解哺乳动物对陆地生活的适应性结构；通过注射胰岛素观察小鼠的反应以及注射葡萄糖观察动物状况的恢复来了解胰岛素的生理作用。

二　实验材料与用品

（1）小鼠；
（2）兔的骨骼标本；

（3）胰岛素（20U/mL）、20%葡萄糖溶液（用pH 2.5～3.0的生理盐水配制）；

（4）注射器、解剖器、蜡盘、塑料桶等。

三　实验内容

（一）胰岛素休克实验

胰岛素是调节血糖的重要激素，由胰岛β细胞分泌，通过促进肝细胞和肌细胞对葡萄糖的摄取、储存和利用，抑制糖异生作用，从而降低血糖水平。血糖的降低会导致细胞缺乏可利用的糖，特别是脑组织本身的糖储备很少，仅靠血糖提供能量，当血糖水平过低时会引起休克现象。

① 观察室温下小鼠的活动和表现，观察其呼吸频率是否均匀，有无翻滚、抽搐、焦躁不安及出汗等现象。

② 小鼠的捉拿方法有两种，一种是用一只手提起尾部，放在鼠笼盖或其他粗糙面上，向后上方轻拉，此时小鼠前肢紧紧抓住粗糙面，迅速用另一只手拇指和食指捏住小鼠颈背部皮肤并用小指和手掌尺侧夹持其尾根部固定手中（参见视频：小鼠的抓取）；另一种抓法是只用左手，先用拇指和食指抓住小鼠尾部，再用手掌尺侧及小指夹住其尾根，然后用拇指和食指捏住其颈部皮肤。前一方法简单易学，后一方法难以掌握，但捉拿快速，给药速度快。

③ 在室温下给每只小白鼠腹腔注射2U的胰岛素，操作时抓取小鼠使其腹面向上且头呈低位，于腹部左或右下侧外1/4处用碘酒和酒精依次消毒后进针，针头平行刺入皮下3～5mm后，再以45°斜刺入腹肌，进入腹腔，此时应有抵抗力消失的感觉，在保持针头不动的情况下注入药液。将小鼠放入塑料桶中，记录注射时间。每隔一段时间观察小鼠的状况，是否出现惊厥反应，症状为：呼吸急促，四肢抽搐，全身翻滚，大量出汗，最后甚至晕迷，记录出现惊厥反应的时间。当动物出现惊厥反应后，给小鼠腹腔注射0.5mL 20%葡萄糖，观察并记录惊厥反应解除的时间及小鼠的恢复状况。

视频：小鼠的抓取

视频：小鼠的处死

（二）小鼠的处死

用断颈法处死小鼠，一手持小鼠尾，一手用镊子夹住小鼠颈部，两手同时用力沿身体纵轴向相反方向拉，即可致其颈椎脱臼脊髓断裂，迅速死亡（参见视频：小鼠的处死）。

（三）外部形态观察

小鼠全身被白色毛，其身体可分为头、颈、躯干、四肢和尾五部分。头部长形，前端为鼻，具肉质的吻，外鼻孔开口在吻部斜侧，两鼻孔间有鼻中隔；鼻的下方为口，有肉质的上、下唇包围；眼1对，具眼睑；外耳大而薄，呈半漏斗形，其基底部为外耳道。颈部明显，活动灵活。

躯干部背面弯曲，腹面末端有肛门通体外。雄鼠在肛门前方有一阴茎，其末端为尿道口，是尿液和精液的共同出口；肛门和阴茎之间的皮肤突起形成阴囊，繁殖期间睾丸从腹腔降落到阴囊内，十分明显。雌鼠在肛门前方有尿道口和阴道口，尿道口呈乳头状突起，但较雄鼠的略小，且与肛门的距离较近；阴道口紧邻尿道口的后方，呈半圆形（图19-1）。

尾长与体长相当。四肢为典型的五趾型附肢。

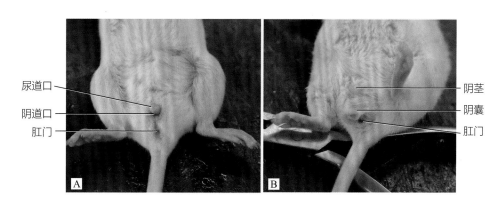

尿道口
阴道口
肛门
阴茎
阴囊
肛门

图19-1　小鼠的外生殖器
A.雌性；B.雄性

（四）内部解剖与观察

把小白鼠仰放在蜡盘上，用湿纱布将腹部的毛濡湿，以防解剖时碎毛飞散。用镊子提起外生殖器前方的皮肤，用剪刀剪开皮肤，沿腹中线剪至颌下，把皮肤尽量向两边展开。再用镊子提起下腹部的肌肉，剪开肌肉壁，沿腹中线剪至胸骨剑突，然后沿胸骨左侧向前剪断肋骨，直到断开左边锁骨；再沿胸骨右侧同样剪至锁骨，这样就可以揭去胸部前壁，露出胸腔。

1. 消化系统

消化道分为口、口腔、咽、食道、胃、小肠、大肠、肛门。

剪开小鼠两侧口角，打开口腔，可见口腔内部结构（图19-2）。口腔顶部具硬腭和软腭，硬腭表面有波浪状隆起，即腭褶，软腭肌肉质，它们将内鼻孔进一步后移，使呼吸道与消化道完全分开。口底具舌。小鼠具门齿和臼齿，无犬齿和前臼齿，齿式为 $\dfrac{1.0.0.3}{1.0.0.3}=16$。

门齿（上）

硬腭

臼齿（上）

软腭

臼齿（下）

舌

门齿（下）

图19-2　小鼠的口腔

　　口腔后部是咽，后接肉质的食道，食道位于气管背面，穿过胸腔到达腹腔，在横膈下与胃相连。胃位于腹腔的左前部，呈弯曲袋状，内侧为胃小弯朝向背前方，外侧为胃大弯朝向腹后方，暗红色狭长形的脾脏紧贴在胃大弯的左侧背面；胃与食道交界处为贲门，和十二指肠交界处为幽门。胃后接十二指肠，十二指肠自幽门向后延伸，呈U形，前部较粗，向后渐细与空肠相连。空肠和回肠是小肠的主要部分，长度较长，在腹腔内盘绕，前段为空肠，后段为回肠，其末端为盲肠和大肠的连接处；空肠和回肠在外观上无明显界限，但空肠有较丰富的血管而较回肠颜色稍红一些。十二指肠、空肠和回肠属于小肠。大肠包括盲肠、结肠和直肠。盲肠位于小肠与结肠之间，是一个较大的盲囊，为微生物发酵的场所。盲肠后面为结肠，其肠壁膨起形成一系列膨袋；直肠较直，沿脊柱下行穿过骨盆，在尾根的下方以肛门通体外（图19-3）。

　　消化腺包括唾液腺、肝脏和胰脏（图19-4）。小鼠有3对唾液腺，其中颌下腺为一对大型腺体，红色，长椭圆形，位于下颈部腹面两侧，开口于口腔底部；而耳下腺（腮腺）和舌下腺较小，不易见到。肝脏在腹腔前部，紫红色，分4叶；胆囊位于右肝内侧，较为透明。胰脏为肉红色脂肪状物，分布于十二指肠与结肠的系膜上，胰管细小通入十二指肠。

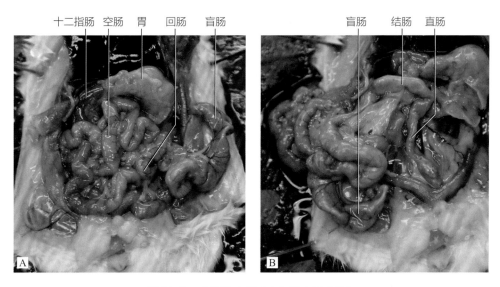

图19-3　小鼠的小肠（A）和大肠（B）

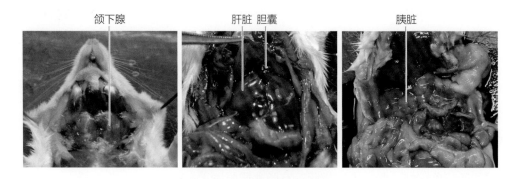

颌下腺　　　　　肝脏 胆囊　　　　　胰脏

图19-4　小鼠的主要消化腺

2. 呼吸系统

外鼻孔向内通鼻腔，由于硬腭和软腭的存在，内鼻孔后移到咽部，喉头紧邻咽部，是气管的前端，从喉头腹面可见会厌软骨、甲状软骨和环状软骨，背面可见杓状软骨。气管在食道的腹面，由背面不封口的软骨环所支持，气管进入胸腔后分为左、右支气管进入肺（图19-5）。

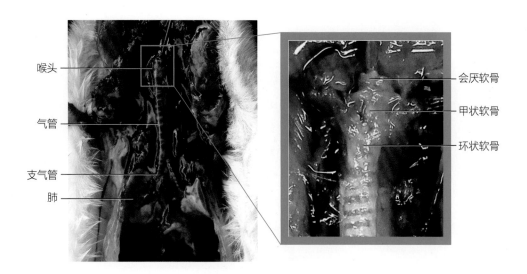

喉头

气管

支气管

肺

会厌软骨

甲状软骨

环状软骨

图19-5　小鼠的呼吸系统

3. 循环系统

哺乳类与鸟类一样为完全双循环系统。心脏位于胸腔，外形似倒放的圆锥体。将心脏剪下，沿水平面剖开，内部分为左、右心房和左、右心室，心房在前部，心室在后部；心室壁较心房壁厚，而左心室壁较右心室壁厚。左心房和左心室之间、右心房和右心室之间有房室孔相通，房室孔处有三角形瓣膜，左房室孔为二尖瓣，右房室孔为三尖瓣。在左心室的主动脉出口和右心室的肺动脉出口处各有3个呈袋状的半月瓣，袋口朝向动脉面。思考，它们有何功用？

4. 泄殖系统

排泄器官（图19-6）包括肾脏、输尿管、膀胱和尿道。肾脏1对，红褐色蚕豆形，位于腰部脊柱两侧，右肾位置稍靠前；肾脏内侧有凹陷部，称肾门，为神经、血管、淋巴管和输尿管出入的门户。输尿管由肾门发出，沿背壁下行，在膀胱背外侧注入膀胱。膀胱位于耻骨前缘，是一个肌肉质囊，尿排空时呈梨形。尿排入尿道，雌性尿道仅排尿，雄性尿道兼输精。肾脏前内侧有黄白色圆形肾上腺，属内分泌腺。

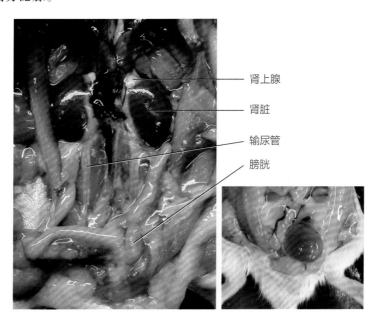

肾上腺

肾脏

输尿管

膀胱

图19-6　小鼠的排泄器官

右侧小图示充盈状态的膀胱

雄性生殖器官（图19-7）：睾丸（精巢）是产生精子的器官，1对，呈圆球形，平时位于腹腔内，繁殖期由腹腔下降入阴囊而使阴囊突出。附睾由细长弯曲的小管构成，分为附睾头、附睾体和附睾尾，附睾头与睾丸前部的输出管相连，由此接受精子，附睾体沿睾丸的一侧下行到睾丸后部，即为附睾尾，附睾尾后通输精管，精子在通过附睾期间成熟。输精管沿睾丸内侧向前走行，进入腹腔，在膀胱基部的位置向下走行并从背面入尿道，通达阴茎，开口于阴茎尖端。精囊

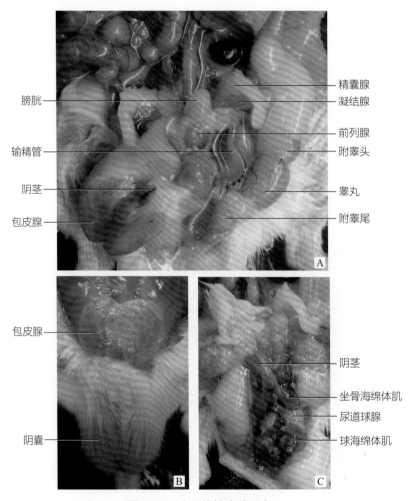

膀胱

精囊腺
凝结腺

前列腺
附睾头

输精管

阴茎

包皮腺

睾丸

附睾尾

包皮腺

阴囊

阴茎

坐骨海绵体肌

尿道球腺

球海绵体肌

图19-7　小鼠雄性生殖器官
A. 整体观；B. 包皮腺原位；C. 示尿道球腺

腺1对，位于膀胱的前部，为白色囊状结构，边缘有锯齿状分叶，在膀胱和输精管通入尿道处的背侧开口入尿道。前列腺位于膀胱基部，包括尿道背面的背叶和尿道腹面的腹叶，前列腺分泌物通入尿道。在前列腺后方尿道的背侧有球海绵体肌，拨开肌肉可见1对球形腺体，为尿道球腺。包皮腺1对，扁圆形淡黄色腺体，位于阴茎前端两侧，开口于包皮内侧。

雌性生殖器官（图19-8）：卵巢1对，位于肾脏下方，由许多颗粒状物构成；输卵管位于卵巢与子宫前端之间，是一小团盘曲的细管，喇叭口朝向卵巢，但不易见；输卵管向后骤然膨大成1对较粗厚的管子，即为子宫，沿腹腔背壁两侧后行，在耻骨前方合并成一管，随后通入阴道，以阴道口通体外，在阴道口腹面有一隆起，称为阴蒂（阴核），在此处有1对阴蒂腺通入。

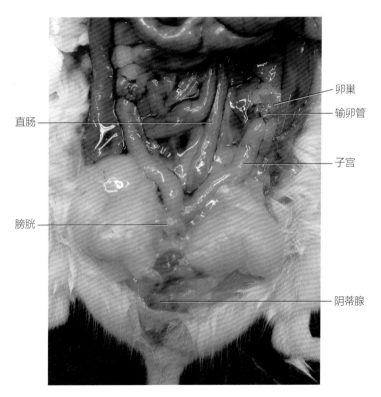

直肠

卵巢
输卵管

子宫

膀胱

阴蒂腺

图19-8　小鼠雌性生殖器官

5.骨骼系统：观察兔的骨骼系统示例标本（图19-9）

头骨全部骨化，骨块数目少，愈合程度高，颅腔高而大（高颅型），双枕髁（与颈椎相关节的关节突）。头骨最外侧有一块长形扁骨为颧骨，其前、后方分别与上颌骨颧突及鳞状骨颧突相接，构成颧弓，供咀嚼肌附着，为哺乳类特有。下颌由一对齿骨构成，齿骨直接与脑颅相联结。

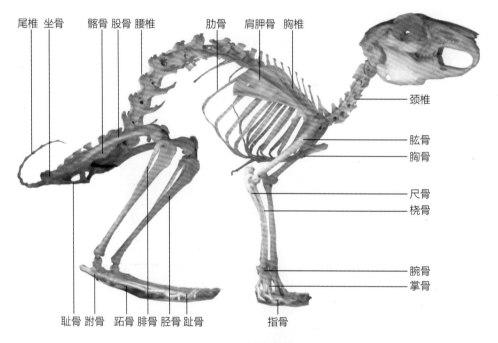

尾椎　坐骨　　髂骨　股骨　腰椎　　　　肋骨　肩胛骨　胸椎

颈椎

肱骨
胸骨

尺骨
桡骨

腕骨
掌骨

耻骨　跗骨　跖骨　腓骨　胫骨　趾骨　　　　指骨

图19-9　兔的骨骼

脊柱分为颈、胸、腰、荐、尾5区，椎体双平型，两椎体间有软骨的椎间盘相隔（不能保存）。哺乳类颈椎恒为7块（少数例外），第一颈椎呈环状，为寰椎，无椎体；第二颈椎为枢椎，其椎体前有齿突，发生上是寰椎的椎体。胸椎12块，椎棘较高，向后延伸；肋骨12对，前7对为真肋，与胸骨相接，后5对为假肋，不与胸骨相接，而是附着在前一肋骨的软肋上，后3对末端游离，为浮肋。腰椎7块，椎体长大，横突长，指向外侧前方；无肋骨。荐椎4块，在成体中愈合为荐骨。尾椎数目不定，尾椎向末端逐渐变小。

胸骨为一分节的长骨棒，共6节，最前方为胸骨柄，最后一节为剑突，中间各节为胸骨体。胸骨两侧与胸肋连接。胸骨、肋骨与胸椎组成胸廓。肩带仅由一块肩胛骨组成。腰带由髂骨、坐骨和耻骨组成，并愈合为髋骨，三骨汇合处形成髋臼，与股骨头形成髋关节。髂骨在背面与荐骨牢固连接；左、右耻骨在腹中线结合；坐、耻骨之间以闭孔相隔。左、右髂骨和荐骨及前几个尾椎骨构成封闭式骨盆。前肢骨由肱骨、桡骨、尺骨、腕骨、掌骨、指骨组成，后肢骨由股骨、胫骨、腓骨、跗骨、跖骨、趾骨组成。前肢5指，后肢4趾。

（五）哺乳纲（Mammalia）分类

全世界现存哺乳动物约4600种，广泛分布在世界各地，分为3个亚纲：

1. 原兽亚纲（Prototheria）

哺乳纲中最原始的类群，卵生，母兽孵卵（鸭嘴兽）或把卵置于特殊的育儿袋内（针鼹），但母兽具乳腺，用以哺育幼仔；雄性精巢位于体内，无阴囊；有泄殖腔，以单一的泄殖腔孔通于体外；不完全恒温，体温在26~35℃之间波动。本亚纲只有单孔目（Monotremata）一个目，代表动物如针鼹（*Tachyglossus aculeata*）、鸭嘴兽（*Ornithorhynchus anatinus*）等。

2. 后兽亚纲（Metatheria）

在演化地位上介于原兽亚纲和真兽亚纲之间，胎生，但大多数没有真正的胎盘，母兽以育儿袋哺育幼仔，乳头开口在育儿袋中，故又称有袋亚纲；体温接近于恒温，在33~35℃之间波动。本纲现存仅一目，即有袋目（Marsupialia），主要分布在澳大利亚及其附近的岛屿上，部分生活在中美洲和南美洲，仅一种分布于北美洲。有袋类的祖先曾广泛分布于全球，后来由于真兽类的发展，而逐步取代了有袋类，澳大利亚较早和其他大陆隔离开，有袋类得以保留；南美洲也曾经和北美大陆隔离，后来重又相连，移入南美的真兽类逐步排挤了有袋类。代表动物如大袋鼠（*Macropus giganteus*）等。

3. 真兽亚纲（Eutheria）

现存哺乳动物95%的种类都属于真兽亚纲，在地球上的分布极为广泛。胎生，具有真正的胎盘，又称有胎盘亚纲；乳腺发达，具乳头；体温高而恒定，一般在37℃左右；大脑皮层发达。

①　贫齿目（Edentata）：牙齿有减少和简化趋向，门齿和犬齿缺如；前臼齿和臼齿存在时，缺少珐琅质，且皆为单齿根。后足五趾，前足仅2—3指发达，并具大爪。四肢的特化适应于掘土和攀缘，而轴骨趋于加固。主要分布于中美和南美洲，代表动物如九带犰狳（*Dasypus novemcinctus*）等。

②　食虫目（Insectivora）：体型较小，头骨细长，吻部通常细而尖，门齿大呈钳形，犬齿小或无，臼齿多尖呈W形，食物以昆虫为主；四肢较短小，通常为五趾；夜行性。代表动物如刺猬（*Erinaceus europaeus*）等。

③　树鼩目（Scandentia）：结构上既有食虫目的特点（具爪，臼齿较原始），又有灵长目的特点（有完整的骨环围绕在眼的周围，拇指和其他四指稍能对持），代表动物如树鼩（*Tupaia glis*）等。

④　皮翼目（Dermoptera）：被毛的皮膜从颈部延伸到四肢和尾，可在树间长距离滑行，代表动物如鼯猴（*Cynocephalus volans*）。

⑤　翼手目（Chiroptera）：哺乳刚中唯一能真正飞翔的动物，前、后肢同躯干间有皮膜为翼，前肢骨骼特化，掌骨和指骨延长伸入膜内起支撑作用，骨骼细而轻，胸骨具龙骨突，着生发达的胸肌，心肺的比例较大，这些结构都适于飞翔；前肢第一指具爪，用以攀缘，后肢五趾皆具爪，便于倒挂身体，代表动物如蝙蝠（*Vespertilio superans*）等。

⑥　灵长目（Primates）：起源于食虫类祖先，其结构的演变趋势为头由长变短，两眼由头侧移向中间，指端由爪到指甲，尾由长变短甚至消失，由食虫到杂食，大脑由不发达到高度发达。现存灵长类鲜有特化结构，普遍锁骨发达，桡骨和尺骨未愈合，多数具五指（趾），第一指与其他指能对持，适于在树上攀缘及握物。绝大多数树栖，只有狒狒和人下到地面生活。代表动物如川金丝猴（*Rhinopithecus roxellanae*）、黑长臂猿（*Hylobates concolor*）、大猩猩（*Gorilla gorilla*）等，现代人（*Homo sapiens*）也属于灵长目。

⑦　食肉目（Carnivora）：门齿变化较少，犬齿特别发达，上颌最后一个前臼齿和下颌第一个臼齿（或上颌第一臼齿和下颌第二臼齿）特别发达，齿尖锋利，适于撕裂肉，称为裂齿；趾端具锐爪；大多为肉食性，也有少数转为杂食性。代表动物如亚洲黑熊（*Selenarctos thibetanus*）、大熊猫（*Ailuropoda* melanoleuca）、豹（*Panthera pardus*）、虎（*Panthera tigris*）、狼（*Canis lupus*）、黄鼬（*Mustela sibirica*）、果子狸（*Paguma larvata*）、斑海豹（*Phoca vitulina*）等。

⑧ 鲸目（Cetacea）：完全转化为水生的哺乳动物，体型似鱼，颈部不明显，皮下脂肪厚，毛退化，仅在嘴边留有数根感觉毛；鼻孔一或两个，位于头顶部，又名喷水孔，具活瓣，可在水中关闭鼻孔；前肢呈鱼鳍状，无后肢，有水平的尾鳍，背鳍或有或无。代表动物如中华白海豚（*Sousa chinensis*）、座头鲸（*Megaptera novaeangliae*）等。

⑨ 海牛目（Serenia）：适应海洋生活的有蹄类，体形似鱼，前肢鳍形，趾端有退化的蹄，皮下脂肪厚，毛退化，具水平尾鳍。代表动物如儒艮（*Dugong dugong*）。

⑩ 长鼻目（Proboscidea）：皮厚，毛稀少；四肢粗壮呈圆柱状，前肢五指，后肢五趾（非洲象）或四趾（亚洲象）；鼻和上唇连在一起，延长成长圆筒形，故名，长鼻的肌肉发达，能自由动作；上颌一对门齿特别发达，突出于口外，俗称象牙，无犬齿，臼齿咀嚼面宽阔。代表动物如亚洲象（*Elephas maximus*）。

⑪ 奇蹄目（Perrisodactyla）：第三趾特别发达，其余各趾或不发达，或完全退化，趾端具蹄；头部无角或有角，角为表皮衍生物；上、下颌门齿皆存在，臼齿齿冠高，咀嚼面宽阔，上有复杂的棱脊，适于研磨草料，胃的结构简单。代表动物如印度犀（*Rhinoceros unicornis*）、普氏野马（*Equus przewalskii*）等。

⑫ 偶蹄目（Artiodactyla）：第三和第四趾特别发达，趾端有蹄，第二和第五趾很小，第一趾退化；很多种类上门齿消失而代以角质垫，下门齿存在，下犬齿常变为门齿状，也有种类犬齿变大；出现三种类型臼齿：丘形齿、月形齿和脊形齿；消化系统复杂，不行反刍的种类为单室胃，而反刍动物的胃出现分化。代表动物如野猪（*Sus scrofa*）、苏门羚（*Capricornis sumatraensis*）、双峰驼（*Camelus bactrianus*）、牦牛（*Bos grunniens*）、盘羊（*Ovis ammon*）等。

⑬ 鳞甲目（Pholidota）：体被鳞甲，鳞片成互复状覆盖于身体背毛及两侧；头骨圆筒状，无齿；舌长，呈蠕虫状；前、后肢有长而弯曲的爪，适于挖掘蚁穴。代表动物如穿山甲（*Manis pentadactyla*）。

⑭ 啮齿目（Rodentia）：小型，多为植食性，上、下颌各具一对门齿，门

齿无齿根，可终生生长，无犬齿，门齿后虚位。代表动物如褐家鼠（*Rattus norvegicus*）、岩松鼠（*Sciurotamias davidianus*）、河狸（*Castor fiber*）、豪猪（*Hystrix hodgsoni*）等。

⑮ 兔形目（Lagomorpha）：中小型食草动物，上颌有两对门齿，前一对较大，后一对较小，隐于前一对门齿后面，下颌一对门齿；无犬齿，门齿和前臼齿及臼齿之间有很宽的齿间隙，称齿虚位；上唇中部有纵裂，尾短或无尾。代表动物如华南兔（*Lepus sinensis*）。

参考文献

方展强，肖智.动物学实验指导.长沙：湖南科学技术出版社.2005.

黄诗笺，卢欣.动物生物学实验指导.3版.北京：高等教育出版社，2013.

江静波.无脊椎动物学.北京：高等教育出版社，1995.

刘凌云，郑光美.普通动物学.4版.北京：高等教育出版社，2009.

刘凌云，郑光美.普通动物学实验指导.3版.北京：高等教育出版社.2010.

任淑仙.无脊椎动物学.2版.北京：北京大学出版社，2007.

孙虎山.动物学实验教程.北京：科学出版社.2004.

王平，曹焯，樊启昶，陈茂生，董巍.简明脊椎动物组织与胚胎学.北京：北京大学出版社，2004.

许崇任，程红.动物生物学.2版.北京：高等教育出版社，2008.

杨安峰.脊椎动物学.北京：北京大学出版社，1992.

杨安峰.脊椎动物学实验指导.北京：北京大学出版社，1984.

杨安峰，程红，姚锦仙.脊椎动物比较解剖学.2版.北京：北京大学出版社，2008.

郑光美.脊椎动物学实验指导.北京：高等教育出版社，1991.

Hickman Jr C, Keen S, Larson A, Eisenhour D, I'Anson H, Roberts L. Integrated Principles of Zoology .16th. New York: McGraw-Hill Education, 2013.

Hickman Jr C, Roberts L, Larson A, Eisenhour D, I'Anson H. Laboratory Studies in Integrated Principles of Zoology .16th. New York:McGraw-Hill Education, 2013.

Pechenik J A. Biology of the Invertebrates .7th. New York:McGraw-Hill Education, 2015.

Wallace R L, Taylor W K. Invertebrate Zoology: A Laboratory Manual .6th. San Francisco:Pearson Benjamin Cummings, 2003.